Richard M. Stephan

Introdução à Engenharia Elétrica de Potência

2ª Reimpressão Revista

EDITORA CIÊNCIA MODERNA

Introdução à Engenharia Elétrica de Potência

Editor: Paulo André P. Marques
Produção Editorial: Dilene Sandes Pessanha
Capa: Daniel Jara
Diagramação: Daniel Jara
Copidesque: Equipe Ciência Moderna

FICHA CATALOGRÁFICA

STEPHAN, Richard Magdalena.

Introdução à Engenharia Elétrica de Potência

Rio de Janeiro: Editora Ciência Moderna Ltda., 2022.

1. Engenharia Elétrica
I — Título

ISBN: 978-65-5842-153-5 CDD 621.3

Editora Ciência Moderna Ltda.
R. Alice Figueiredo, 46 – Riachuelo
Rio de Janeiro, RJ – Brasil CEP: 20.950-150
Tel: (21) 2201-6662/ Fax: (21) 2201-6896
E-MAIL: LCM@LCM.COM.BR
WWW.LCM.COM.BR **03/22**

Agradecimento

A Luiz Wagner Biscainho, pela cuidadosa leitura e valiosas sugestões.

A Antônio Carlos Ferreira, Antônio José Barbosa de Almeida, Arlindo Penteado, Fernando Antunes, Frederico Pontes, José Roberto Cardoso, José Antônio Seiblitz, Márcio Sens, Oumar Diene, Sandoval Carneiro Jr, Sérgio Sami Hazan, Silvano José da Silva, Tiago José Moraes e Walter Mannheimer, pelos enriquecedores comentários.

Dedicatória

Aos meus avôs, Salvador Magdalena e Richard Stephan, passado ainda presente nas minhas lembranças.

Aos meus netos, Felipe, Bernardo, Pedro, Arthur e Miguel, e à minha neta, Alice, futuro desde já presente nos meus sonhos.

"Ninguém ensina ninguém,
ninguém aprende sozinho,
homens e mulheres se educam,
mediatizados pelo mundo".
Paulo Freire

Prefácio

Este é o livro adequado para introdução à engenharia no século XXI. Uma obra que não esgota um determinado assunto, porém, abre várias janelas para o mundo, além de um conhecimento específico. Uma obra rara na literatura tecnocientífica cujo leque temático cobre desde a introdução de conceitos fundamentais em geração e transmissão de energia até o compromisso social do engenheiro, sem esquecer a perspectiva transcendental que temos de nós mesmos. De certa forma, é um ensaio que nos leva de volta ao conceito civilizatório vivido há mais de dois milênios. Esta obra compacta em volume, mas densa em conceitos, nos reconduz à civilização helênica, nos recoloca na nova *"ágora"* onde não cabem pessoas com formação canalizada, ignorantes do mundo em que estão imersos.

Na primeira parte, apresentam-se adequadamente aos estudantes recém-admitidos na escola de engenharia, os conceitos fundamentais de geração e transmissão de energia elétrica. A partir das equações de Maxwell, são desenvolvidos inicialmente os conceitos fundamentais de geração e, em seguida de transmissão de energia. Comparam-se as opções de geração e transmissão de energia em corrente contínua e alternada e as discussões geradas entre as vantagens e desvantagens de cada opção. As vantagens da transmissão trifásica comparada com o processo monofásico são bem exploradas. Além da apresentação conceitual ficam bem desenvolvidas as aplicações no Brasil enfatizando a necessidade de expansão do nosso sistema de transmissão. Os processos de distribuição de energia elétrica geram circuitos complexos que necessitam de análise cuidadosa inclusive para evitar sobrecargas em certos segmentos. Para explorar o controle desses processos, é apresentado um resumo de análise de Fourier que é particularmente adequada em engenharia de potência. É apresentada uma breve introdução aos sistemas de controle e em seguida à eletrônica de potência. A primeira parte encerra-se com um breve capítulo sobre supercondutividade que é importante no texto em virtude de uma aplicação importante apresentada na segunda parte. Todos os capítulos são acompanhados com alguns problemas propostos.

A segunda parte do livro trata do compromisso da universidade com a formação dos jovens estudantes. Esse tema é importante e raramente tratado dentro do círculo universitário com a colaboração e interveniência dos estudantes, aqueles aos quais mais afetam as decisões a serem implantadas. Discutem-se os requisitos necessários para a organização de um currículo de engenharia adequado ao nosso tempo levando em conta as suas características principais, particularmente a velocidade com que a ciência e a tecnologia avançam. Com propriedade é proposta a inclusão da "Competência em Consciência Ecológica e Ambiental" como um dos temas fundamentais a serem introduzidos na lista de conhecimentos essenciais na formação do engenheiro. A referência ao amor, mais como um compromisso do que como um sentimento, no exercício da profissão do engenheiro, sugere uma reflexão raramente explorada na formação universitária. É animador ver em um livro de engenharia referência à cultura grega que é o alicerce do saber desenvolvido na civilização ocidental. Se fomos capazes de romper fronteiras em tantos setores do conhecimento, deixamos esquecidos vários conceitos fundamentais, presentes na cultura grega, que definem com maior precisão certas categorias de sentimentos e atitudes profundamente humanas.

São ainda tratados vários aspectos de desenvolvimento tecnológico e suas variantes em função das diferentes culturas. A necessidade de concentrar na essência e abandonar superficialidades apresentando as ideias de modo "claro e distinto" é destacada no texto. O desenvolvimento tecnológico está profundamente enraizado na cultura de cada país como adverte o autor. Ênfase especial é dada às chamadas tecnologias disruptivas que são aquelas que de fato determinam bifurcações na trajetória civilizatória, se assim se pode dizer. São apresentados também os diversos estágios de elaboração de um projeto de pesquisa que desemboca em um produto útil para a sociedade e que necessita de proteção intelectual. Embora frequentemente abandonados no processo de formação universitária, procedimentos de proteção de descobertas devem ser discutidos na universidade como está acentuado no livro.

É apresentado como exemplo concreto a inciativa do autor, professor Richard Stephan, no projeto e construção de um veículo de transporte com suspensão magnética. É uma realização que cumpriu todas as etapas necessárias no âmbito de uma universidade. Lamentavelmente, o poder público e a iniciativa privada não se sensibilizaram para tornar o projeto como uma realização industrial nacional. É importante que os leitores, particularmente aqueles que estão na Escola Politécnica da UFRJ, visitem o MagLev-Cobra e se inteirem das realizações concretas possíveis no Brasil e procurem as razões que impedem que o projeto seja implantado industrialmente no nosso país.

São ainda analisados aspectos da nossa história econômica, da inserção do Brasil no mundo e do nosso compromisso com o planeta terra, frequentemente esquecido por aqueles que são os responsáveis pelos diversos setores de produção. O autor destaca em uma seção específica os aspectos culturais que intervêm em todas as nossas atividades econômicas, acadêmicas e educacionais. Em uma seção especial enfatiza, como aparece ao longo de todo o texto, o nosso compromisso com os semelhantes e com o nosso planeta que pode entrar em colapso, resultando em tragédia muito mais crítica para nós humanos do que para o planeta que pode durar ainda por milhares de anos.

O livro encerra-se com uma pergunta crítica, a saber, o que nós queremos para nós mesmos? Voo raso ou voo nas alturas? Queremos subir lutando com suor e lágrimas ou preferimos o conforto de uma trajetória suave descendente, mas que nos obriga a carregar uma canga ao pescoço? A resposta é uma solução admirável, nem Águia nem Galinha, sejamos como o Tuiuiú.

Este é um livro que imagino ser a semente de um texto que brotará em breve expandindo todos os aspectos explorados aqui. É um texto que responde às necessidades de nosso tempo em que a formação universitária deve ser mais completa fazendo convergir vários temas que na nossa atual organização curricular se superpõem. Trata-se de reduzir a entropia nos currículos escolares.

Finalizando, quero chamar a atenção que esta obra, senão em extensão material, mas em riqueza de conteúdos, é uma reação à revolução cultural em marcha que nos ameaça tornar uma nação dependente no que se refere à educação e ao saber. Sujeitos às consequências da revolução industrial, estamos agora sob a ameaça de perder a nossa independência cultural. Essa tragédia precisa ser evitada e esse livro mostra que para alcançar esse fim precisamos saber quem somos e do que somos capazes.

Luiz Bevilacqua[1]

1 https://pt.wikipedia.org/wiki/Luiz_Bevilacqua

Sumário

Introdução

Parabéns, você entrou para a Universidade, bem-vindo!!!

Mas, ultrapassada a barreira do vestibular ou do ENEM, o jovem estudante se defronta com uma nova gama de dificuldades. Velhos problemas da vida escolar darão lugar a outros ainda desconhecidos. Por exemplo, o tempo dedicado para cada hora de aula ou na leitura de cada página do livro texto aumentará significativamente quando comparado com a experiência do segundo grau. O auxílio explicador de pais e parentes raramente existirá. O estudo da matéria apresentada em aula deverá ser feito continuamente e até antecipadamente, pois a preparação para provas nas vésperas dos exames resulta, mais cedo ou mais tarde, em reprovação.

Para superar os novos desafios, a conversa com um professor ou orientador acadêmico, o relacionamento com veteranos e outros calouros, em suma, a integração na vida universitária certamente ajudará muito. No entanto, como necessidades e capacidades variam de aluno para aluno e de professor para professor, a satisfação nunca será plenamente atingida, não adianta sonhar ou chorar. Cabe a cada um descobrir como otimizar sua experiência universitária.

Adicionalmente, as novidades e mudanças tecnológicas nos surpreendem cada vez com maior frequência e número. Além disso, a formação precisa ser acomodada em uma grade curricular de cinco anos. Diante desse quadro, o ensino universitário favorece o entendimento de princípios fundamentais da ciência e da técnica e a apresentação de métodos e ferramentas de trabalho, incluindo ainda o hábito de estudar e o conhecimento de outro idioma, especialmente o inglês. Esses valores acompanharão o diplomado em sua vida profissional e estão afinados com sérios estudos sobre os atributos desejados de um engenheiro (Mc Masters, 2005).

Resumimos dizendo que a Universidade é o local do *know why*, do saber o porquê. O *know how*, o saber como, encontra-se principalmente nas indústrias e empresas. Evidentemente, nada impede que a universidade desenvolva *know how*, mas estes casos resultam normalmente de parcerias universidade-empresa. A Universidade, por excelência, também é o lugar dos sonhos, das coisas nunca feitas, que conduzem à pergunta *why not?*, compatível com as aspirações dos estudos de pós-graduação.

Considerando as dificuldades acima mencionadas, e diferentemente de outros livros de Introdução à Engenharia de caráter geral e encaminhamento pedagógico voltado para a orientação vocacional ou educacional (e.g. Agostinho, 2015; Raymond, 2013; Bazzo, 2006; Cardoso, 2021; Holtzapple, 2015), a abordagem aqui adotada vai diretamente ao conhecimento técnico e aos desafios profissionais, descortinando o que oferece o curso de Engenharia Elétrica de Potência e o mundo de trabalho do Engenheiro Eletricista.

O livro encontra-se dividido em duas partes.

A primeira objetiva transmitir para o leitor, recém-acolhido na Universidade, o gosto por estudar eletricidade; despertar sua curiosidade e vontade de se formar sem reprovações para exercer a profissão o mais breve possível. O aprofundamento, desdobramento e relacionamento dos temas abordados formam o núcleo das matérias que serão vistas nos cinco anos de curso de Engenharia Elétrica.

A segunda parte trata de assuntos diversos que emolduram esse conhecimento técnico, como o quadro que sustenta uma bela pintura, sem o qual o valor da obra de arte não teria realce. Diz-se que engenheiros são contratados pelos seus conhecimentos técnicos, e demitidos por falta de relacionamento. Em outras palavras, contrata-se um profissional por possuir Inteligência Lógica, e demite-se por deficiência de Inteligência Emocional (Goleman, 2005). Pretendemos, nesta segunda parte, despertar o lado não técnico, aquele que não deve ficar adormecido na formação e na vida de um bom profissional. Não se trata de um manual de conselhos, nem de um roteiro para treinamento de Inteligência Emocional. O autor não tem competência para tanto. São apenas textos provocativos para conversas, troca de ideias, discussões saudáveis, possíveis temas para seminários. Em suma, reflexões de um engenheiro que reconhece que ser engenheiro exige conhecimentos de Economia, Política, História, Sociologia, além dos conhecimentos técnicos.

O curso objeto deste livro vem sendo oferecido para os calouros de Engenharia Elétrica da UFRJ, desde 2010. Os estudantes são convidados a se organizarem em grupos de no máximo cinco, formando como uma pequena empresa de engenharia. Aulas expositivas e demonstrações, presenciais ou gravadas, a cargo do professor, cobrem o material deste livro. Palestras de profissionais, visitas técnicas, apresentação de representantes de alunos e veteranos, engajados em equipes de competição, ocupam algum tempo da disciplina. Cada grupo é avaliado pela solução dos exercícios propostos no livro; pela apresentação de um seminário de 15 minutos, sobre tema de livre escolha relacionado com engenharia (ver Apêndice); e pela leitura e interpretação de textos, dos quais se destacam as palestras apresentadas por Alec Broers, na BBC, em 2005, intituladas *The Triumph of Technology*. A avaliação resulta em um total de pontos atribuído pelo professor, calculado pelo produto do número de membros do grupo pela média alcançada. Os próprios alunos dividem os pontos atribuídos entre si, não necessariamente em partes iguais, como se fosse o pagamento por um serviço prestado pela pequena empresa que constituíram.

Os estudantes de medicina sentem-se médicos quando vestem um jaleco branco nos primeiros anos de faculdade. Os de direito incorporam o espírito de advogado quando encontram um estágio que os obrigue a usar gravata. Enquanto isso, os de engenharia sofrem dois anos com aulas de física, química e matemática, sem entender o porquê. A presente proposta foi estruturada de forma que o estudante se sinta um profissional quando concluir a disciplina já no primeiro semestre da faculdade.

Existem aulas gravadas sobre o material do livro no seguinte endereço do YouTube:

https://www.youtube.com/playlist?list=PLGMYwhcNRvbVNdJaftzICC2iLzF87y9nf

O mesmo link pode ser acessado pelo QR-code:

Parte I

Sentindo-se Engenheira ou Engenheiro Eletricista

1. Energia e Eletricidade

A natureza demonstra abertamente seu vigor através dos relâmpagos, ventos, correntezas de água, ondas do mar, movimento de marés e irradiação solar. O homem também descobriu energia escondida no poder de combustão da lenha, carvão, petróleo, gás, óleos vegetais e na energia da fusão e fissão nuclear. O bem-estar da humanidade depende do condicionamento e utilização dessas fontes de energia (Pinto, 2007). Com os fundamentos físicos da eletricidade estabelecidos na segunda metade do século XIX e início do século XX, todas as fontes acima citadas tornaram-se passíveis de conversão em energia elétrica, com exceção dos relâmpagos, os únicos a se apresentarem diretamente sob a forma elétrica, e que, curiosamente, continuam indomáveis. Ao longo do século XX, os engenheiros conseguiram criar inúmeras aplicações da eletricidade que vão dos motores aos computadores, passando por sofisticados sistemas de comunicação e diagnóstico médico. Como bem descreve Bodanis (2008) *"Se um cônsul do Império Romano fosse de repente transportado para o ano de 1850, não teria nenhuma grande surpresa. Os veículos eram puxados por cavalos, as casas eram de madeira, a escuridão da noite era afastada por velas e lamparinas de óleo."* Passado pouco mais de um século da difusão dos geradores e lâmpadas elétricas e meio século da invenção dos computadores, o mundo transformou-se devido ao uso da eletricidade. Isto se deve, em grande parte, ao fato de a energia elétrica ser de fácil transmissão e processamento comparativamente às demais formas de energia.

Mesmo com toda a experiência acumulada, a eletricidade continua sendo um fenômeno que escapa aos nossos sentidos, só sendo percebida através de suas manifestações exteriores. A Engenharia Elétrica lida com o mundo mágico e envolvente da eletricidade.

EXERCÍCIO 1: Consulte o domínio da *International Energy Agency* (www.iea.org) no qual estão disponíveis informações estatísticas na forma de gráficos e tabelas. Concentre-se nas informações sobre geração de eletricidade a partir de diferentes fontes primárias. Compare quantitativamente a situação brasileira com a de outro país ou região do mundo. Apresente suas conclusões.

2. Eletromagnetismo

Formar um Engenheiro Eletricista sem conhecer Eletromagnetismo seria como construir uma casa sem alicerce, sobre um terreno pantanoso. Os complexos fenômenos da eletricidade e do magnetismo, observados por Faraday, Oersted, Ampère, Gauss e outros, foram genialmente sintetizados por James Clerke Maxwell (*1831; †1879) e colocados na forma de quatro equações com as contribuições posteriores de Oliver Heaviside e Willard Gibbs (Hayt, 2003):

$$\nabla \bullet D = \rho$$

$$\nabla \bullet B = 0$$

$$\nabla \otimes E = \frac{-\partial B}{\partial t}$$

$$\nabla \otimes H = J + \frac{\partial D}{\partial t}$$

Em que:

D – vetor densidade de fluxo elétrico
E – vetor intensidade do campo elétrico
B – vetor densidade de fluxo magnético
H – vetor intensidade de campo magnético
ρ – densidade volumétrica de carga elétrica

J – vetor densidade de corrente elétrica

∂t – diferencial de tempo

$\nabla \bullet$ – divergente de um campo vetorial

$\nabla \otimes$ – rotacional de um campo vetorial

∇ – operador matemático representado por $\frac{\partial}{\partial x}\hat{x}+\frac{\partial}{\partial y}\hat{y}+\frac{\partial}{\partial z}\hat{z}$

Estas equações estabelecem o relacionamento entre campos elétricos e magnéticos e foram colocadas na forma diferencial, por ser mais compacta do que a forma integral. Certamente assusta um pouco, não parece um cartão de boas-vindas. Mas o conteúdo necessário para o entendimento será apresentado em disciplinas de Cálculo Diferencial e Integral, Cálculo Vetorial e Eletromagnetismo ao longo dos dois primeiros anos do curso. Com um pouco de dedicação, tudo isto será devidamente entendido. Agora seria interessante saborear a beleza desta formulação: o conceito de campo elétrico, que necessita de dois vetores *(D, E)* para ficar totalmente definido; o conceito de campo magnético, que também necessita de dois vetores para sua determinação (*B, H*); a elegante formulação matemática com o operador ∇, conhecido como operador *nabla*; os estranhos nomes divergente e rotacional; o fato de poder condensar tanto conhecimento em apenas quatro equações. Com esta formulação, foi possível, por exemplo, prever a existência das ondas eletromagnéticas, mais adiante comprovadas por Heinrich Hertz, que nasceu em 1857 e faleceu com apenas 37 anos de idade. O engenheiro italiano Guglielmo Marconi utilizou esse conhecimento para criar o telégrafo em 1896, e o brasileiro Pe. Roberto Landell de Moura comprovou a transmissão de sinais de voz sem fio já em 1900. As máquinas elétricas, indispensáveis na conversão de energia mecânica em elétrica e vice-versa, também exemplificam o condicionamento das leis do eletromagnetismo para proveito do homem.

3. CC x CA

A energia elétrica encontra-se disponibilizada na forma contínua (CC) ou alternada (CA). Inicialmente, por volta de 1890, houve muita discussão a respeito de qual seria a forma mais conveniente (White, 2003). De um lado Nikola Tesla defendia a corrente alternada e, do outro, Thomas Edison a corrente contínua. Interesses comerciais tornaram essa disputa polêmica e acirrada. A facilidade de elevar ou abaixar o nível da tensão alternada fez com que esta se saísse vitoriosa, pela economia na transmissão de energia, como será entendido no próximo capítulo. A forma contínua encontra sua principal aplicação através das baterias, empregadas nos automóveis, lanternas, telefones celulares, sempre que o armazenamento de energia elétrica se fizer necessário.

Com o advento da eletrônica de potência, a partir da segunda metade do século XX, o condicionamento de sinais de corrente contínua se tornou economicamente viável. Para longas distâncias de transmissão, ponto a ponto, sem bifurcações intermediárias, a opção CC pode chegar a ser mais atraente. O Brasil transmite metade da energia elétrica produzida na usina hidroelétrica de Itaipu com linhas de corrente contínua.

EXERCÍCIO 2: Procure saber mais sobre as hidrelétricas de Itaipu, Belo Monte e Três Gargantas. Onde estão localizadas? Quantos são os geradores? Qual a potência instalada? Qual a frequência elétrica da geração? Alguma delas é classificada como "fio d'água"? Organize sua resposta de forma concisa em uma tabela.

4. Potência Elétrica

4.1 Fundamentos

Potência (p) é a grandeza definida como a razao entre o trabalho (W) executado e o intervalo de tempo (Δt) necessário para sua realização. Matematicamente, escreve-se:

$$p = W / (\Delta t). \quad (1)$$

Por exemplo, considerando dois elevadores, aquele capaz de transportar os mesmos passageiros em menor tempo é acionado por motores mais potentes. Considerando dois veículos de igual massa, o mais potente atinge velocidades maiores em um mesmo intervalo de tempo.

Por sua vez, o trabalho é medido pelo produto da força (f) pelo deslocamento (Δx) na direção da força. Assim:

$$p = (f \,.\, \Delta x) / \Delta t = f.\, (\Delta x / \Delta t) = f \,.\, \upsilon, \quad (2)$$

em que υ é a velocidade.

Esta relação ensina que potência pode ser obtida com pouca força e muita velocidade, como é o caso de pugilistas peso pena, ou com muita força e baixa velocidade, mais parecido com o desempenho dos pesos pesados.

Mecanicamente, para uma dada potência, a negociação entre velocidade e força se consegue com engrenagens, como as que se encontram no câmbio dos automóveis ou bicicletas.

Demonstra-se que a potência elétrica fica determinada pelo produto da tensão (v) pela corrente (i). Uma dada potência pode resultar de tensões elevadas e baixas correntes, ou vice-versa. Com o equipamento elétrico chamado de transformador, consegue-se facilmente alterar os níveis de tensão e corrente alternada (CA). Ele faz o papel das engrenagens na Engenharia Elétrica.

Os condutores que transportam a corrente elétrica funcionam como canos para o transporte de água. Quanto maior o diâmetro da tubulação ou condutor, maior a capacidade de transporte. No caso dos sistemas elétricos, os condutores são comumente feitos de cobre, material dispendioso. Assim, costuma ser economicamente interessante elevar a tensão para diminuir a corrente. Por este motivo, aparelhos de ar refrigerado acima de 15.000BTU são fabricados para 220V e não 127V. Para a transmissão de energia elétrica, empregam-se no Brasil tensões de 138kV, 230kV, 345kV, 500kV e até 765kV. Tensões elevadas trazem o problema do isolamento elétrico. Arcos elétricos (relâmpagos) ocorrem a partir de diferenças de potencial (tensões) da ordem de 30kV para cada centímetro de afastamento. Ou seja, para isolar uma tensão de 765kV necessita-se de um distanciamento no ar de pelo menos 25,5 cm.

***EXERCÍCIO 3**:* Calcule o trabalho necessário para levar 10kg de compras do supermercado do andar térreo de um prédio até o quarto andar, localizado 10 metros acima. Considere a aceleração da gravidade 10 m/s^2.

a. Exprima o resultado em kWh. Calcule o custo deste trabalho tomando como base o valor de 1kWh da conta de energia elétrica da sua casa. Você faria o transporte das compras por esse valor? Comente.

b. Em quanto tempo você faria este deslocamento pela escada? Qual a sua potência? Compare com a potência de um ferro de passar roupas ou chuveiro elétrico e comente o resultado.

4.2 Potência em circuitos CA

Predominantemente, as tensões CA fornecidas pelos geradores elétricos seguem um perfil senoidal (Stephan 2021 c):

$$v(t) = \sqrt{2}\,V \text{ sen } (\omega t), \tag{3}$$

em que V representa o valor eficaz e ω a frequência angular do sinal de tensão. Sabe-se que o período (T) do sinal senoidal vale $T=2\pi/\omega$. O inverso do período recebe o nome de frequência (f). Portanto, $\omega = 2\,\pi\,f$. Na maioria das residências brasileiras, f=60 Hz e V=127 volts.

A engenhosa escolha de geração senoidal permite que os sinais elétricos de tensão e corrente, nos mais diferentes pontos do sistema elétrico, em condições de regime permanente, também sejam senoidais de mesma frequência.

Considerando agora a corrente:

$$i(t) = \sqrt{2}\,I \text{ sen}(\omega t - \varphi). \tag{4}$$

A potência elétrica, dada pelo produto tensão vezes corrente, vale:

$$\begin{aligned} p(t) &= 2\,VI \text{ sen}(\omega t).\text{sen}(\omega t - \varphi) = \\ &= [VI \cos\varphi\,(1 - \cos 2\omega t)] - [VI \text{ sen } \varphi \text{ sen } 2\omega t] = \\ &= \text{parcela A} - \text{parcela B} \end{aligned} \tag{5}$$

Os gráficos de tensão, corrente e potência estão indicados na Figura 1 para V=127 volts, I=1 ampère e $\varphi = \pi/3 = 1{,}05$rad. Nota-se que:

a. A frequência da potência é o dobro da frequência da tensão ou corrente.

b. A parcela A só assume valores maiores do que zero, mas a potência total possui também valores negativos, em vista da contribuição da parcela B.

c. O valor médio da potência vale P = VI cos φ, conhecido como potência ativa. Isto corresponde ao valor médio da parcela A.

d. A parcela B possui valor médio nulo e valor máximo dado por Q = VI sen φ. Isto significa uma troca de energia entre os geradores e as cargas industriais, comerciais e residenciais. Q é chamada de potência reativa.

e. Chama-se fator de potência o valor cos φ. A legislação brasileira penaliza as indústrias cujo fator de potência seja menor do que 0,92. Nota-se que quanto menor cos φ tanto maior a região de potência negativa. Esta taxação existe uma vez que não há interesse em permitir a presença desta parcela de potência negativa, ou seja, fluindo da carga para a geração.

f. P e Q possuem dimensão de potência, no entanto, para diferenciar, expressa-se P em W (watt) e Q em var.

g. A grandeza S = VI é conhecida como potência aparente e relaciona-se com P e Q através de $S^2 = P^2 + Q^2$, formando um triângulo retângulo de hipotenusa S e catetos P e Q.

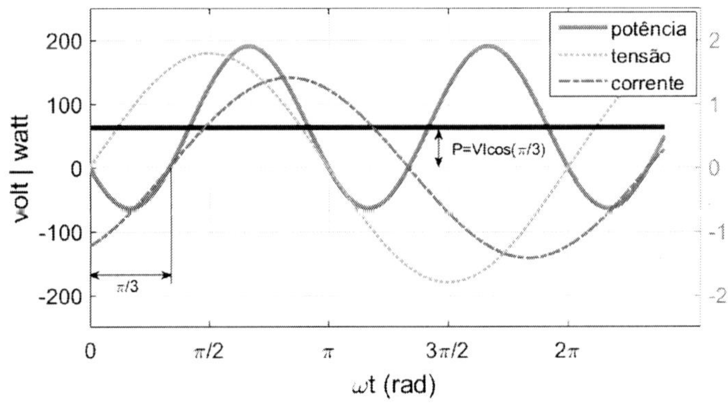

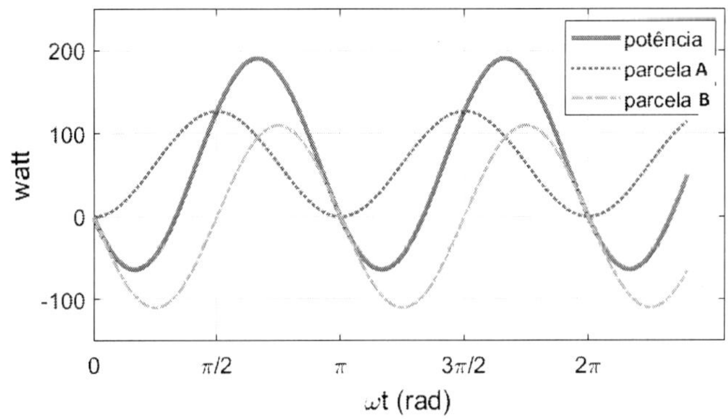

Figura 1. Potência nos circuitos CA (V=127V, I=1A, φ = π/3, cos φ= 0,5)

***EXERCÍCIO 4*:** Define-se "valor eficaz" de um sinal periódico *y(t)* por:

$$Y_{rms} = \sqrt{\left(\frac{1}{T}\right)\int_0^T y(t)^2\, dt}$$

em que T é o período.

O "valor eficaz" recebe também o nome "valor médio quadrático", ou, em inglês, *root mean square* (*rms*).

a. Mostre que o valor eficaz do sinal v(t), dado pela Eq. (3), vale V.

b. Verifique que a potência média dissipada sobre uma resistência R, alimentada pela tensão alternada (CA) dada por v(t), possui o mesmo valor que a potência dissipada caso a fonte de tensão seja uma bateria (tensão CC) de valor V.

c. Considerando R como a resistência de um chuveiro ou aquecedor elétrico, qual o significado do resultado do item anterior em termos da temperatura da água?

d. À luz do resultado do item anterior, você considera o nome "valor eficaz" apropriado?

***EXERCÍCIO 5**:* Deduza a relação apresentada na Eq.(5).

4.3 Potência Reativa

O fluxo de caixa de uma instituição sem fins lucrativos serve para exemplificar o que significa potência reativa. Suponha que exista uma entrada de R$5mil todos os dias do mês, mas, nos quinze primeiros dias existem contas diárias a pagar no valor de R$6mil e nos quinze dias restantes R$4mil (considere os meses com 30 dias). Diariamente, o caixa fica negativo R$1mil nos 15 primeiros dias do mês e R$1mil positivo nos 15 dias restantes. O fluxo médio vale R$5mil. A parcela de R$1mil faz o papel da potência reativa. Em termos financeiros, na prática, existe o custo do dinheiro que precisa ser tomado emprestado nos primeiros dias do mês. Em termos elétricos, existe o custo das perdas adicionais nas linhas de transmissão e o custo maior da capacidade de potência que precisa estar instalada.

5. Monofásico x Trifásico

Como vimos, a potência (p) nos circuitos de corrente alternada oscila com o dobro da frequência da tensão de alimentação e existem momentos em que a potência flui da carga para a geração. O desempenho melhora com o sistema de geração trifásico, constituído por três sistemas monofásicos senoidais, porém defasados, como retratado matematicamente abaixo e graficamente na Figura 2 para uma rede com V=127 volts e $\omega = (2.\pi.60)$ rad/s.

$$\begin{aligned} v_1(t) &= V\,\text{sen}(\omega t) \\ v_2(t) &= V\,\text{sen}(\omega t + 2\pi/3) \\ v_3(t) &= V\,\text{sen}(\omega t - 2\pi/3). \end{aligned} \tag{6}$$

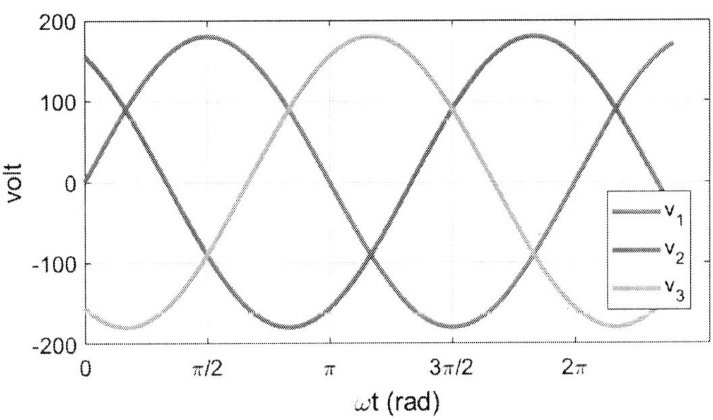

Figura 2. Tensões de alimentação de um sistema trifásico

Se as cargas dos três sistemas forem iguais, circularão as correntes:

$$\begin{aligned} i_1(t) &= \sqrt{2}\ I\,\text{sen}(\omega t - \varphi) \\ i_2(t) &= \sqrt{2}\ I\,\text{sen}(\omega t + 2\pi/3 - \varphi) \\ i_3(t) &= \sqrt{2}\ I\,\text{sen}(\omega t - 2\pi/3 - \varphi). \end{aligned} \tag{7}$$

Agora, um pequeno exercício de trigonometria mostrará que se:

$$
\begin{aligned}
p_1(t) &= 2\,VI\,\text{sen}(\omega t).\text{sen}(\omega t - \varphi)\\
p_2(t) &= 2\,VI\,\text{sen}(\omega t + 2\pi/3).\text{sen}(\omega t + 2\,\pi/3 - \varphi)\\
p_3(t) &= 2\,VI\,\text{sen}(\omega t - 2\pi/3).\text{sen}(\omega t - 2\,\pi/3 - \varphi)
\end{aligned}
\tag{8}
$$

então:

$$p = p_1 + p_2 + p_3 = 3\,VI\cos\varphi. \tag{9}$$

Isto é um valor constante!

Os sistemas trifásicos ainda apresentam como vantagem a diminuição na quantidade de condutores e material magnético necessário na construção de equipamentos elétricos. Para dar uma ideia de como se consegue isto, recorre-se à visualização geométrica dada pela Figura 3. A projeção dos vetores I_1, I_2, I_3 sobre o eixo "y" fornece o valor das correntes i_1, i_2, i_3 da Eq. (7). Em Engenharia Elétrica, I_1, I_2, I_3 são conhecidos como os fasores representativos das correntes. Como a soma destes fasores, sendo de mesma amplitude e defasados de 120^0, é zero, conclui-se que a soma das projeções também será zero ($i_1+i_2+i_3=0$).

$$|I_1|=|I_2|=|I_3|=\sqrt{2}\,I$$

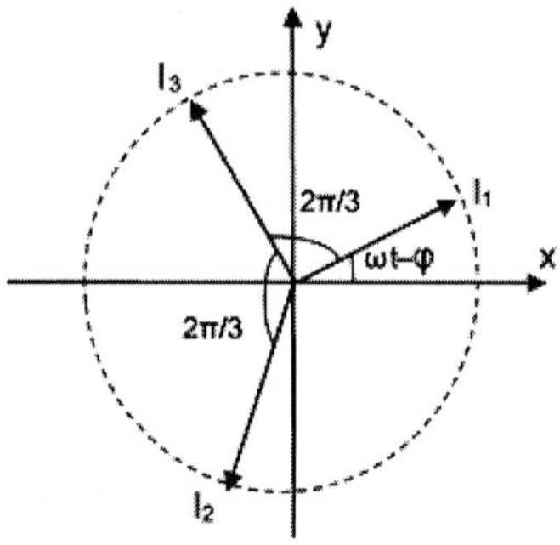

Figura 3. Fasores representativos de um sistema trifásico

Assim, três sistemas monofásicos de transmissão, devidamente defasados, podem ser substituídos por um trifásico com metade dos condutores necessários, como ilustrado na Figura 4.

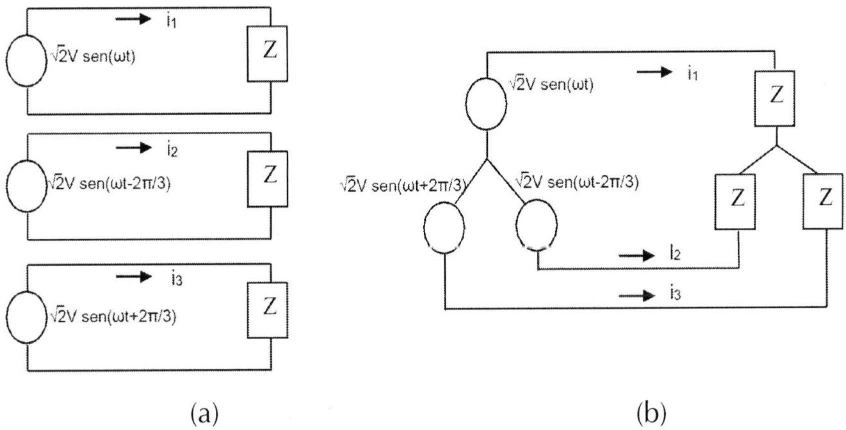

Figura 4. Uma das vantagens do sistema trifásico
(a) três sistemas monofásicos com 6 condutores de alimentação
(b) um sistema trifásico equivalente com apenas 3 condutores

EXERCÍCIO 6: A partir da Eq.(5), deduza a Eq.(9). Utilize o conceito de fasor e comprove o poder dessa ferramenta.

6. Frequências de 50Hz, 60Hz e 400Hz

Decisões na vida são geralmente uma solução de compromisso. Nada possui apenas vantagens e sempre se precisa ceder em algum aspecto. Assim ocorre com a frequência de operação de um sistema CA. Se for muito baixa, haverá percepção visual na alteração da luminosidade das lâmpadas. O volume dos equipamentos também será maior, pois o fluxo magnético, que dita a área dos circuitos magnéticos, é inversamente proporcional à frequência. Se for muito alta, a impedância dos circuitos indutivos tornará impraticável a transmissão com longos cabos ou linhas. Industrialmente, as frequências de 50 e 60 Hz se estabeleceram como as mais empregadas, a escolha aparecendo quase como uma tentativa de reserva de mercado. A Europa adota largamente 50 Hz, enquanto os EUA, 60Hz. No Brasil, a frequência é de 60 Hz, mas em muitos outros países da América Latina, 50 Hz.

A frequência de 400 Hz apresenta vantagens no caso de sistemas de pequena extensão, como é o caso do sistema elétrico de aviões. O aumento da impedância fica largamente compensado pela diminuição do peso de geradores, motores e transformadores construídos para 400 Hz.

Já para o processamento e transmissão de sinais, as faixas de frequências mais adequadas encontram-se em ordens de grandeza acima das frequências empregadas nos sistemas industriais, os quais requerem elevados níveis de potência. As transmissões de rádio AM estão na faixa dos kHz, as transmissões em FM em MHz, e nos modernos sistemas de comunicação e computação empregam-se GHz.

EXERCÍCIO 7: A hidroelétrica de Itaipu fornece energia tanto ao Brasil, que opera à 60 Hz, quanto ao Paraguai, que trabalha com 50 Hz. Qual solução foi adotada para conviver com esse fato?

7. Modelagem e Sistemas Lineares

Chama-se modelo de um sistema físico uma formulação que o represente de forma manipulável matematicamente. Os modelos são ferramentas muito importantes na solução dos problemas de engenharia. A partir dos modelos, torna-se possível prever e controlar o comportamento dos sistemas físicos. Aprimoramentos são introduzidos quando se percebe um distanciamento entre a realidade e aquilo que a modelagem fornece. Comumente se inicia com um sistema linear, ou seja, aquele que respeita o comportamento ilustrado na Figura 5, em que u_1 e u_2 representam sinais de entrada, y_1 e y_2 sinais de saída e α, β são constantes.

Justamente pela previsibilidade na sua resposta, existem muitas ferramentas e métodos de análise e controle para sistemas lineares. Os modelos lineares costumam ser válidos apenas para condições em torno de um ponto de operação estável e quando as variações, às quais o sistema for submetido, produzirem efeitos proporcionalmente pequenos.

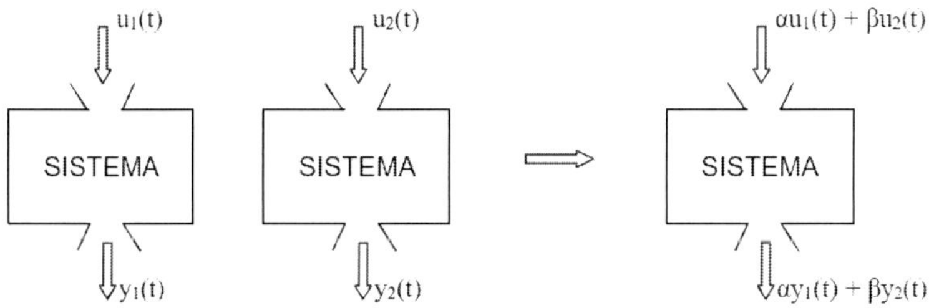

Figura 5. Propriedade dos sistemas lineares

Os sistemas de potência, objeto de estudo no curso de Engenharia Elétrica e que serão tratados no próximo capítulo, só apresentam comportamento linear para variações de carga ou geração de pequeno valor, comparativamente ao que está sendo fornecido. Em situações de curto-circuito, perda de geração ou transmissão, entrada ou saída de grandes cargas, a dinâmica não linear prevalece. Além da não linearidade, os sistemas de potência apresentam características variantes no tempo e são de grande porte, com múltiplas entradas e saídas. Um prato cheio para trabalhos de engenharia!

8. Sistema de Potência

A Figura 6 mostra o Sistema Interligado Nacional (SIN), com horizonte 2024, obtido da página do ONS (ver Exercício 14). Os diferentes níveis de tensão das linhas de transmissão, a existência de transmissão em corrente contínua e alternada, o entrelaçamento dos circuitos, as distâncias, as diferentes fontes primárias, tudo comprova a grandiosidade dessa obra de engenharia. São mais de 170GW de capacidade de geração, distribuída por quase 5.000 empreendimentos, dos quais praticamente 2/3 oriundos de hidroelétricas (Oliveira, 2017). A expansão, manutenção e operação desta complexa ´máquina´, bem como a comercialização da energia elétrica, exigem engenheiros bem formados e capacitados para garantir o suprimento contínuo de eletricidade para o parque industrial, comercial e residencial do nosso País (Elgerd, 1978).

A recente e crescente inserção das fontes de energia solar e eólica, com características de variabilidade e possibilidade de geração distribuída, situação na qual os tradicionais consumidores se empoderam como fornecedores de energia, traz novas cores para este quadro. O armazenamento de energia também ganha vida no século XXI, com a aplicação de novos materiais que permitem a fabricação de super capacitores e supercondutores.

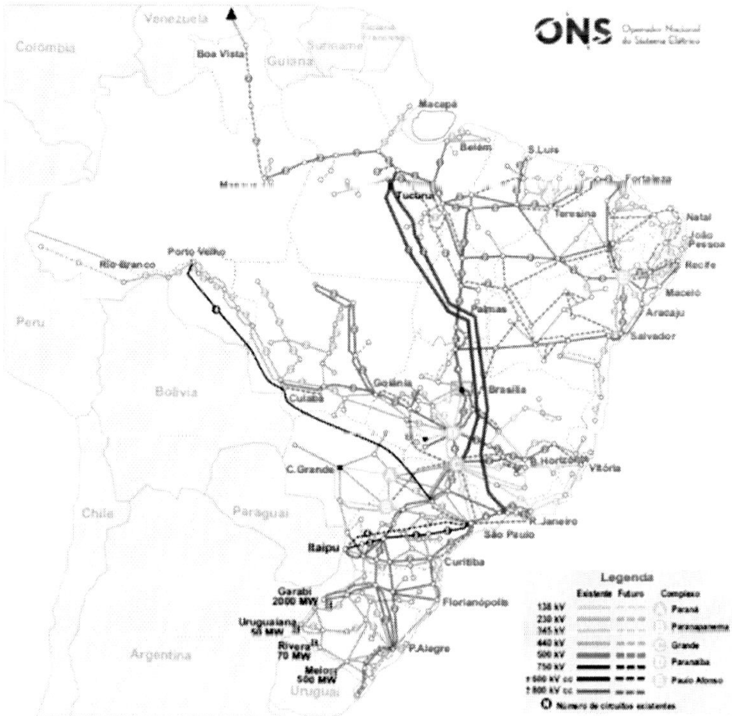

Figura 6. O sistema de potência brasileiro

9. Harmônicos e Resposta em Frequência

Sinais periódicos, ou seja, aqueles que se repetem a um mesmo período de tempo (T), podem ser expressos como a soma de uma série infinita de sinais senoidais. Devemos este conhecimento ao matemático francês Joseph Fourier (*1768; †1830).

Matematicamente, escreve-se:

Se $g(t) = g(t + T)$ e o valor médio de $g(t)$ é zero, então

$$g(t) = \sum_{n=1}^{n=\infty} \left[a_n \cos(n\omega t) + b_n \text{sen}(n\omega t) \right], \tag{10}$$

com $\omega = 2\pi/T$ e

$$a_n = \frac{1}{\pi}\int_0^{2\pi} g(t)\cos(n\omega t)d(\omega t), \tag{11}$$

$$b_n = \frac{1}{\pi}\int_0^{2\pi} g(t)\,\text{sen}(n\omega t)d(\omega t). \tag{12}$$

A frequência angular ω é conhecida como fundamental ou primeira harmônica. Seguem $\omega_2 = 4\pi/T$, segunda harmônica; $\omega_3 = 6\pi/T$, terceira harmônica; e assim por diante. A decomposição dada pela Eq. (10) é conhecida como Série de Fourier.

Sinais não periódicos podem ser interpretados como sinais de período infinito. Neste caso, o espectro de frequências será contínuo e não apenas restrito aos valores discretos ω_1, ω_2, ω_3,... dados pela Série de Fourier. A esta nova transformação dá-se o nome de Transformada de Fourier.

Tanto na Série quanto na Transformada de Fourier, a variável livre é a frequência, não mais o tempo. Os Engenheiros Eletricistas trabalham muito no domínio da frequência. Sem dúvida, o domínio do tempo é mais intuitivo, no entanto, muitos estudos ficam simplificados se conduzidos no domínio da frequência. Na verdade, o conhecimento do comportamento estacionário de um sistema linear, para uma vasta gama de frequências, permite deduzir a dinâmica transitória deste sistema no tempo. Tudo se passa como se uma pessoa conhecesse profundamente outra por terem partilhado longos períodos de alegria, tristeza, raiva, relaxamento, cansaço, dor, prazer (ou seja, em diferentes frequências de batimento cardíaco) que não teria dificuldade em prever qual seria a reação perante uma notícia inesperada. Esta analogia fornece uma boa visão ainda que careça de precisão, pelo fato dos seres humanos serem sistemas não lineares.

As chamadas curvas de resposta em frequência guardam assim muita informação importante para a interpretação dos engenheiros. Alguns sistemas, quando excitados em determinadas frequências, possuem amplitudes de saída elevadas comparativamente à entrada, como ilustrado na Figura 7 para a frequência angular ω_r, chamada de frequência de ressonância. Este fenômeno ocorre, por exemplo, com estruturas de pontes e viadutos. Sabedores disso, os comandantes não permitem que tropas atravessem pontes marchando. A batida ritmada poderia excitar a estrutura da ponte e produzir oscilações de amplitude danosa.

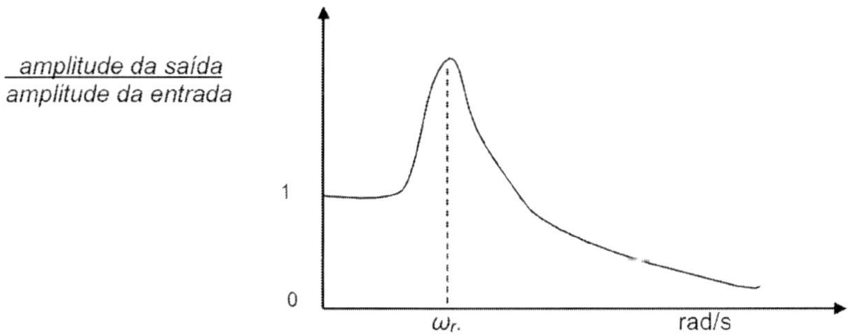

Figura 7. Resposta em frequência de um sistema com ressonância

EXERCÍCIO 8: Procure se informar sobre o problema de ressonância que existia na ponte Rio-Niterói. Descreva o problema. Como ele foi resolvido? Quem propôs a solução? E a ponte de Tacoma, nos EUA, descreva o que aconteceu em 1940.

EXERCÍCIO 9: Onde e para que são usados os amortecedores conhecidos como *Stockbridge*? Por que recebem esse nome?

EXERCÍCIO 10: Calcule os coeficientes (Eqs. 11 e 12) da Série de Fourier da seguinte onda quadrada de amplitude *A* e valor médio zero. Mostre que os termos em cosseno são nulos, e os termos em seno só existem para os harmônicos ímpares e valem $b_n = (4A) / (n\pi)$.

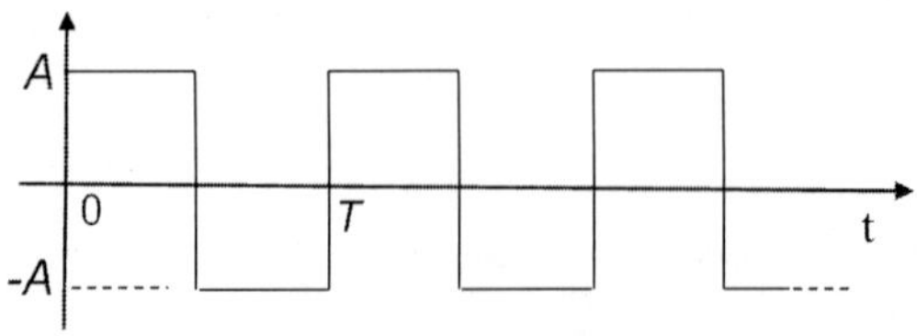

***EXPERIÊNCIA 1*:** Monte o circuito RLC abaixo e varie a frequência (f) do gerador de 1kHz até 10kHz. Determine experimentalmente a frequência de ressonância e compare com o valor $\left(2\pi\sqrt{LC}\right)^{-1}$.

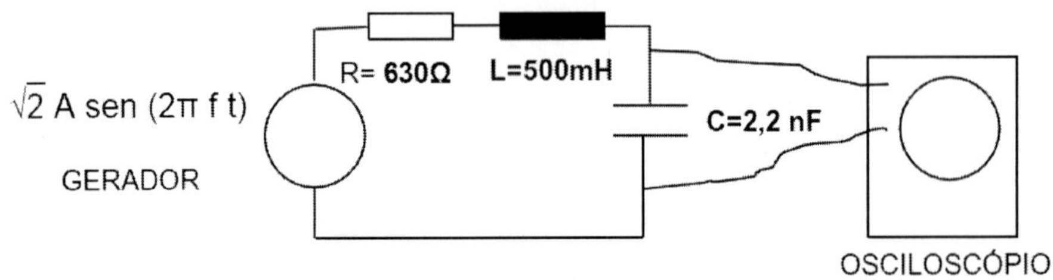

10. Sistemas de Controle

O controle de um processo só se dá definitivamente após as etapas de modelagem e análise. Esta sequência está esquematizada na Figura 8 e apresenta o procedimento regular adotado em projetos de engenharia. Quando a análise não fornece resultados compatíveis com a realidade, o modelo precisa ser aprimorado através de métodos de identificação. Quando o controle implementado não funciona, deve-se suspeitar de uma análise superficial ou de um modelo inadequado. Estas reavaliações estão sugeridas na figura através das linhas de retorno (Stephan, 2021 a).

Os sistemas de comando ou controle à malha aberta exigem um conhecimento muito preciso do processo em estudo.

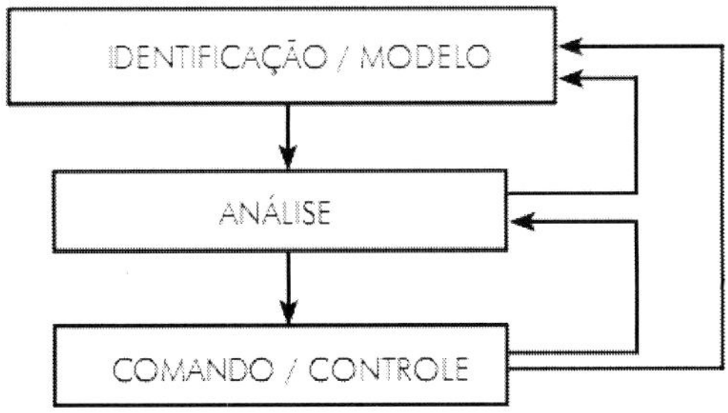

Figura 8. Procedimento de projetos em engenharia

Já os sistemas de controle à malha fechada (Figura 9), graças à realimentação, apresentam como vantagens:

- Rejeição de perturbações externas.
- Compensação de variações dos parâmetros do processo.
- Imposição de uma dinâmica diferente da original.

Como ponto negativo, os sistemas à malha fechada são mais complexos, uma vez que para sua implementação são necessários:

- Sensores (transdutores).
- Controladores.
- Atuadores, que convertem os sinais de baixa potência dos controladores em entradas do processo.

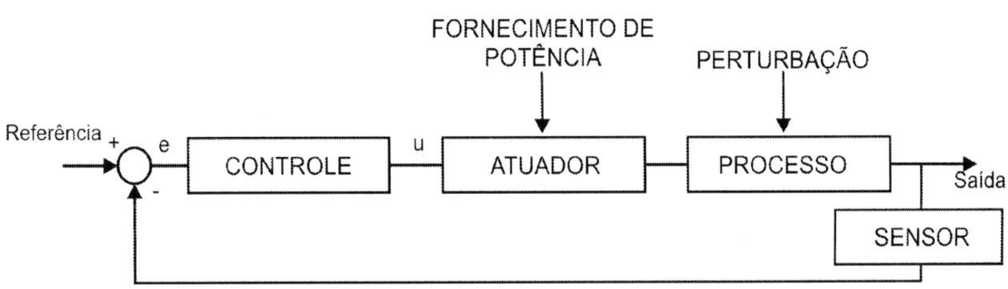

Figura 9. Sistema de controle à malha fechada

Empregando linguagem coloquial, operar em "malha aberta" exige "confiar plenamente", "conhecer profundamente"; já operar em "malha fechada" significa "controlar".

O projeto do controlador também exige técnicas especiais. Intuitivamente, percebe-se que o sinal de erro obtido pela diferença entre um sinal de referência desejado e a atual saída do processo, indicado por "e" na Figura 9, permitirá que se tomem as ações adequadas para determinar os sinais de entrada do processo. No entanto, o processamento do sinal de erro, se não for corretamente escolhido, pode até piorar o desempenho do sistema realimentado. Vários exemplos da vida cotidiana servem para ilustrar estes inter-relacionamentos. Por exemplo, basta pensar nas ações tomadas por um pai quando percebe que o comportamento de determinado filho está se distanciando de uma referência desejada. A forma como este desvio é processado e as ações daí resultantes podem fazer com que o filho se recupere ou se perca totalmente. Este exemplo figurativo mostra também que o conhecimento do processo a ser controlado (no caso, o filho) facilita muito as ações do controlador (no caso, o pai).

Para os sistemas industriais, o processamento do sinal de erro através de ações proporcional (P), integral (I) e derivativa (D) costuma ser suficiente. Este controlador é conhecido como PID. Chamando K_p - Ganho, T_I - Tempo integral e T_D - Tempo derivativo, a expressão do controlador PID assume a forma matemática (Franklin, 2002):

$$u(t) = K_p \left[e(t) + \frac{1}{T_1} \int_0^t e(t)\,dt + T_D \frac{de(t)}{dt} \right]. \tag{13}$$

A parcela proporcional fornece uma resposta imediata para sinais de erro. A parcela derivativa reage em função da taxa de variação do erro e influencia principalmente os instantes transitórios. A parcela integral garante erro zero em condições de regime permanente com referências e perturbações constantes. Isso porque a saída do integrador só fornece um sinal constante se sua entrada for nula. Naturalmente, estas conclusões partem do princípio de que o sistema realimentado é estável.

Além da condição de estabilidade, que se impõe como pré-requisito, outras características permitem definir o comportamento dinâmico de um sistema linear. Usualmente, para uma entrada em degrau, quantifica-se a resposta dinâmica através do tempo de subida (t_r), do tempo de assentamento (t_s), do tempo de pico (t_p) e do sobrepasso (M_p), apresentados na Figura 10 para um sistema com erro de regime zero.

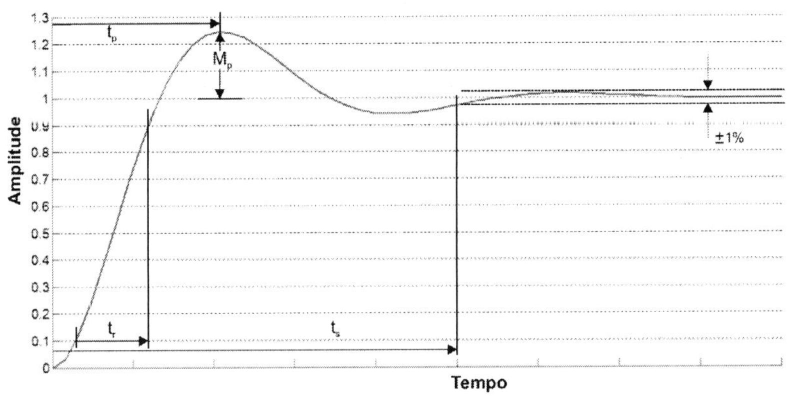

Figura 10. Características de desempenho para uma entrada em degrau unitário e sistema com erro de regime zero

A Engenharia Elétrica estuda técnicas de projeto que permitem determinar o controlador de tal forma que o sistema realimentado apresente um comportamento preestabelecido. Um dos trabalhos seminais nesta área, intitulado *On Governors*, data de 1868 e foi escrito por J.C. Maxwell, o mesmo autor da teoria eletromagnética apresentada anteriormente. Ele abordou o problema da estabilidade de sistemas dinâmicos de controle de velocidade, dentre os quais aquele proposto por J. Watt, em 1769, para máquinas a vapor (Bennett, 1986, 1993).

EXERCÍCIO 11: Considere o funcionamento de uma caixa de descarga de vaso sanitário. Explique a presença de uma malha controle de nível com ação integral[2].

11. Eletrônica

Chama-se Eletrônica a parte da Engenharia Elétrica de baixa potência. Deve-se à invenção do transistor, em 1947, o grande salto neste ramo da engenharia. Com isso, o homem inaugurou a Eletrônica de Estado Sólido ou Eletrônica dos Semicondutores, uma nova era de pedra polida, só que agora polida ao nível dos átomos.

Os dispositivos semicondutores substituíram as válvulas a vapor de mercúrio, volumosas e de baixo rendimento. Os inventores foram Walter Brattain, John Bardeen e William Shockley. Eles receberam o prêmio Nobel de Física em 1956 por este trabalho (Figura 11). Vale aqui registrar que Bardeen (*1908; †1991) foi agraciado com um segundo prêmio Nobel em 1972, desta feita pela proposição da teoria BCS (Bardeen, Cooper, Schriffer) que explica, em termos quânticos, o fenômeno da supercondutividade.

Com a Eletrônica, a capacidade de processamento de sinais ganhou uma dimensão inimaginável. Em poucos anos, novos dispositivos foram inventados e condicionados em Circuitos Integrados. O processamento digital, permitido com os computadores, seguidos dos microcomputa-

[2]**Dica:** Vazão é a razão entre volume e tempo. Relacione o nível d'água (h) com a integral da vazão. Relacione o erro, dado pela diferença entre o valor de "h" e a altura da caixa d'água cheia, com a abertura da válvula da boia e com a vazão. Em seguida, feche uma malha de controle como a da Figura 9.

dores, DSP´s (*Digital Signal Processor*), ASIC´s (*Application Specific Integrated* Circuit) e muitos outros dispositivos, invadiu e influencia todos os ramos da engenharia. Basta pensar na quantidade de eletrônica presente em um automóvel, em um telefone celular, nos sistemas de monitoramento, controle e segurança. Hoje fala-se de IoT, a internet das coisas. Se a máquina a vapor marcou o progresso da humanidade com a Revolução Industrial no século XVIII, a Eletricidade inaugurou a Revolução Elétrica no século XX e a Eletrônica, muitas vezes também denominada Eletrônica e Computação, iniciou a Revolução da Informação no século XXI.

Figura 11: Foto história de Bardeen, Shockley e Brattain nos Laboratórios da Bell em 1947, por ocasião da invenção do Transistor (Wikimedia Commons)

12. Eletrônica de Potência

A eletrônica de potência trata do condicionamento de sinais, como a eletrônica, mas trabalha com sinais de potência, que atingem até mesmo MW (10^6W). Os dispositivos empregados também são semicondutores, porém suportam correntes e tensões milhares de vezes superiores aos outros.

O primeiro dispositivo semicondutor de potência foi o thyristor ou SCR (*Silicon Controlled Rectifier)*, que chegou ao mercado por volta de 1958. As décadas de 70 e 80 presenciaram o aparecimento de novos semicondutores de potência com controle de condução e bloqueio, abrindo perspectivas espetaculares para aplicações em Engenharia Elétrica (Mohan, 2000). Pode-se tentar dividir esta evolução em três gerações:

1ª. geração (1958-1975):	Thyristor (SCR)
2ª. geração (1975-1985):	Transistor de potência (BJT)
	MOSFET de potência
	GTO (Gate Turn-Off Thyristor)
3ª. geração (1985...):	IGBT (Insulated Gate Bipolar Transistor)

Cada dispositivo citado possui capacidade de potência e características de condução e bloqueio (unidirecional, bidirecional, controlável, não controlável) bem como sinais de controle (contínuo, pulsante, na forma de tensão ou corrente) particulares.

Esses dispositivos são empregados como chaves (*on - off*) eletrônicas. É muito importante destacar que, quando se trata de condicionamento de sinais de potência, esta é a única forma eficiente de operação, pois as perdas com os semicondutores conduzindo ou bloqueados são praticamente nulas. As perdas concentram-se principalmente nos tempos de *turn-on* e *turn-off*. Nestes momentos, tensão (v) e corrente (i) estão simultaneamente presentes sobre o semicondutor e a potência de perda (p=v.i) não é mais desprezível (Figura 12).

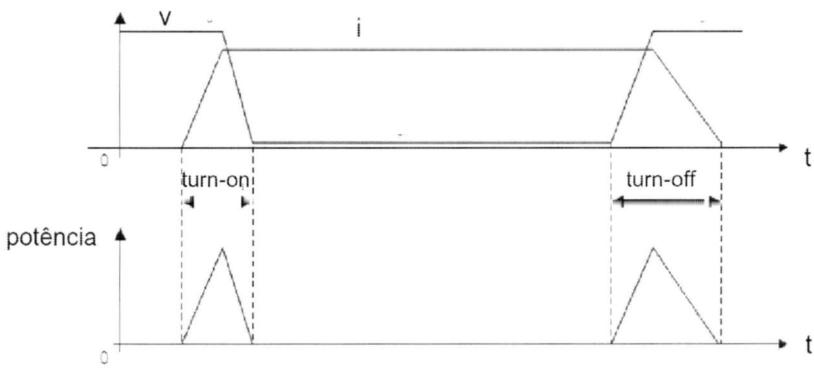

Figura 12. Perdas no chaveamento de dispositivos semicondutores

Nos dias de hoje, a eletrônica de potência está presente nas indústrias, nos sistemas de geração, transmissão e distribuição de energia elétrica e até nas nossas residências, desempenhando um papel importante no aproveitamento das fontes alternativas de energia, como solar e eólica.

EXERCÍCIO 12: O circuito elétrico abaixo permite ligar ou desligar a lâmpada (L) de um corredor a partir de dois interruptores (I_1 e I_2) localizados em pontos extremos do ambiente.

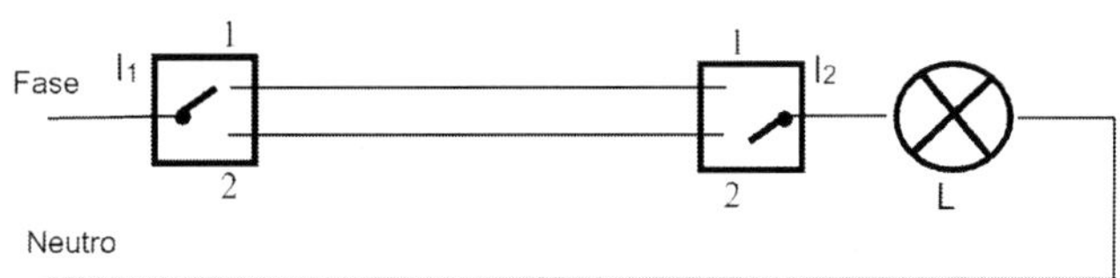

a. Os interruptores possuem duas posições (1-2). Considerando a posição 1 como verdadeiro (V) e a posição 2 como falso (F), qual função lógica ("ou", "ou exclusivo", "e", "não e", etc.) encontra-se realizada no esquema que permite ligar (V) ou desligar (F) a lâmpada?

b. Existe uma ligação desse tipo na sua residência? Onde?

c. Qual o nome comercial para designar esse interruptor?

O próximo circuito possui um novo interruptor (I_3), também com duas posições, mas um pouco diferente dos anteriores. Note que agora é possível ligar ou desligar a iluminação alterando a posição de qualquer um dos três interruptores.

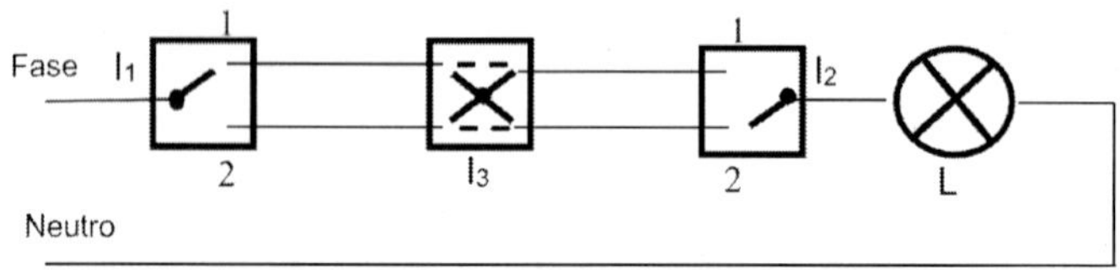

d. Qual o nome comercial desse novo tipo de interruptor?

e. Proponha um circuito que permita ligar ou desligar a lâmpada de quatro locais utilizando os interruptores apresentados.

EXPERIÊNCIA 2: Agende uma visita ao laboratório para ver montagens com o circuito do exercício anterior e outras instalações elétricas, inclusive com conversores de eletrônica de potência.

13. Supercondutividade

O uso de novos materiais resulta sempre em grandes transformações tecnológicas e culturais. Assim, a pedra polida, o bronze, o ferro, o aço, os plásticos e, certamente, os semicondutores impactaram o desenvolvimento da humanidade. Há pouco mais de 100 anos, em 1911, o físico holandês H. Onnes descobriu a propriedade supercondutora do mercúrio quando refrigerado à temperatura de liquefação do hélio, próximo do zero absoluto (-273°C). Nestas condições, a resistividade elétrica do mercúrio é nula. Em 1933, W. Meissner e R. Ochsenfeld descobriram que os supercondutores também apresentam diamagnetismo perfeito, ou seja, excluem campos magnéticos. As contribuições ocorridas desde então permitem antever que os materiais supercondutores terão um significado histórico transformador neste século XXI (Blundell, 2009). Esta evolução encontra-se irrefutavelmente documentada nos prêmios Nobel em Física relacionados na Tabela 1.

Tabela 1. Prêmios Nobel em Supercondutividade

H. K. Onnes	1913	Por pesquisas sobre as propriedades da matéria a baixas temperaturas e pela produção do hélio líquido.
L. Landau	1962	Por teorias pioneiras sobre a matéria condensada, especialmente o hélio líquido.
J. Bardeen L. Cooper J. Schriffer	1972	Pelo desenvolvimento da teoria da supercondutividade, conhecida como Teoria BCS.
B. Josephson	1973	Por predições teóricas de supercorrentes em barreiras de tunelamento.
J. Bednorz K. Müller	1987	Por fundamentais avanços na descoberta de materiais cerâmicos supercondutores de elevadas temperaturas críticas (refrigeráveis com nitrogênio líquido).
A. Abrikosov V. Ginzburg	2003	Por contribuições à teoria dos supercondutores, efeito Pinning.

Os equipamentos de ressonância nuclear magnética, corriqueiros nos diagnósticos médicos dos dias de hoje, empregam supercondutores. Com fios e cabos supercondutores, os motores elétricos, transformadores e linhas de transmissão poderão ocupar menos espaço com peso cerca de 5 vezes menor do que os atuais.

14. O Trabalho do Engenheiro Eletricista

A atuação do Engenheiro Eletricista abrange as seguintes áreas, como sugere a capa deste livro:

- Geração de Energia Elétrica.
- Transmissão de Energia Elétrica.
- Distribuição de Energia Elétrica.
- Utilização de Energia Elétrica.

O princípio físico de conversão de energia mecânica em elétrica foi engenhosamente aproveitado para a construção de eficientes máquinas elétricas conhecidas como geradores. Com a contribuição, principalmente da engenharia civil e da engenharia mecânica, a geração de energia elétrica é obtida a partir das mais diferentes fontes primárias, como quedas d´água, vento, energia nuclear, gás, carvão, óleo, etc.

Cabe ao Engenheiro Eletricista condicionar adequadamente, em termos de tensões, correntes, frequência e fluxo de potência, a energia oriunda dos geradores elétricos. O Engenheiro Eletricista encontra também espaço de trabalho no planejamento e controle do uso das diferentes fontes de energia.

Uma vez gerada, essa energia precisa ser transmitida para os locais de consumo. O projeto e a operação de linhas de transmissão, frequentemente vistas cruzando rodovias, campos e montanhas, cabem ao eletricista.

Chegando próximo aos centros de consumo, a energia elétrica necessita ganhar capilaridade e ser distribuída para múltiplos consumidores industriais, públicos, comerciais e residenciais. O projeto de subestações, linhas de distribuição, tanto aéreas quanto subterrâneas, sistemas de proteção e adequação de carga são tarefas do Engenheiro Eletricista.

Finalmente, nos locais de consumo, o Engenheiro Eletricista encontra vastíssimo campo de atuação no projeto, instalação, operação e manutenção de prédios industriais, públicos, comerciais e residenciais. Atualmente, eficiência energética, automação, sustentabilidade e confiabilidade direcionam seu trabalho.

Modernamente, nas chamadas redes inteligentes (*smart grids*), novos desafios são lançados para o Engenheiro Eletricista no que tange aos aspectos de geração, transmissão, distribuição e utilização da energia elétrica. A energia fotovoltaica, por exemplo, ocupa um espaço cada vez maior, com contribuição de inúmeros pequenos agentes fornecedores, que antigamente só participariam como consumidores, agora integrados ao sistema elétrico. Além disso, veículos elétricos substituirão os tradicionais com motores à explosão.

Em todas estas atividades, a Eletrônica está presente sempre que o processamento e condicionamento de sinais e informações se fizerem necessários. Em especial, a Eletrônica ganha importância nas aplicações de processamento de dados e nos sistemas de comunicação.

A base matemática e o conhecimento dos processos industriais, adquiridos no curso de Engenharia Elétrica, fazem com que muitos encontrem colocação em atividades relacionadas com o setor econômico, administrativo ou gerencial, bem como em centros de pesquisa pura e aplicada.

Efetivamente, a eletricidade oferece um excelente meio de transporte de energia. Além disso, os métodos de transformação de eletricidade em calor, força, luz, movimento, informação, imagem, som, entre inúmeras aplicações, são extremamente eficientes. Em analogia, a eletricidade desempenha para a engenharia um papel semelhante ao da moeda para a economia.

$$\frac{\text{Eletricidade}}{\text{Engenharia}} = \frac{\text{Moeda}}{\text{Economia}}$$

Para reforçar ainda mais essa analogia, assim como o dinheiro, o armazenamento de eletricidade também requer cuidados especiais.

Cabe ainda explicar a diferença entre um Engenheiro e um Cientista. O último vive como um monge de clausura, já o primeiro como um missionário.

Nesse contexto se insere o trabalho do Engenheiro Eletricista.

EXERCÍCIO 13: Apresente dois métodos de armazenamento de energia diretamente na forma elétrica. Destaque se são CC ou CA. Enuncie dois métodos indiretos corriqueiramente empregados para armazenamento de energia e posterior conversão em energia elétrica. Compare com a problemática da poupança monetária.

EXERCÍCIO 14: Consulte os domínios da EPE, ONS, ANEEL e CCEE. Resuma o papel desses órgãos no setor elétrico Brasileiro.

EXERCÍCIO 15: Obtenha o fluxograma com as disciplinas do seu curso de Engenharia Elétrica. Destaque, com uma caneta colorida, aquelas que você associa com o material apresentado na disciplina Introdução à Engenharia Elétrica, tanto na forma de texto quanto na forma de exercícios, palestras, visitas ou trabalhos. Quanto vale a razão DD/TD, em que DD é o número de Disciplinas Destacadas e TD o Total de Disciplinas do fluxograma.

Parte II

Além do Conhecimento Técnico

Formação

1. Os Cursos de Engenharia

Como nos ensina o professor Silva Telles (1984) o *"conceito atual de engenheiro, isto é, uma pessoa diplomada e legalmente habilitada a exercer alguma das múltiplas atividades da engenharia, é relativamente recente, podendo-se dizer que data da segunda metade do Século XVIII."*

No Brasil, a criação da Real Academia de Artilharia, Fortificação e Desenho, que constitui a base da engenharia nacional, data de 1792. A Escola Politécnica da UFRJ descende, em linha direta, dessa Real Academia [3].

Originalmente, destacavam-se as atividades em construções, especialmente de natureza militar ou religiosa. Com o passar dos anos, novas especialidades receberam destaque. Atualmente, são muitas as denominações dos cursos de engenharia: Ambiental, Aeronáutica, Civil, Computação, Controle, Elétrica, Eletrônica, Mecânica, Metalurgia, Nanotecnologia, Naval, Nuclear, Petróleo, Produção, Química, Telecomunicações, entre outras (Silva Telles, 2015). Em uma visão holística, os cursos de engenharia dividem-se em três grandes categorias:

- Cursos que tratam de materiais: Metalurgia e Química.
- Cursos clássicos (dorsais): Elétrica/Eletrônica, Mecânica e Civil.
- Cursos complementares: constituídos a partir da combinação dos acima mencionados, muitas vezes com a inclusão de outras formações, como ciências naturais, humanas e economia.

[3] Consulte, por exemplo, a página (http://www.poli.ufrj.br/politecnica/historia).

Independente da especialidade, o jovem estudante de engenharia deve procurar criar bases sólidas de conhecimento, como os pilares sobre os quais irá construir sua carreira profissional. Nesse sentido, o curso de Engenharia Elétrica representa uma grande oportunidade de formação.

Além disso, todo engenheiro/a precisa estar treinado para o trabalho em equipe, para o diálogo com outras especialidades, para o humilde reconhecimento de que *"ninguém ensina ninguém, ninguém aprende sozinho, homens e mulheres se educam mediatizados pelo mundo"* (Freire, 2007).

2. Competências

No final do século XX, a Boeing promoveu um estudo para identificar os pontos falhos na formação dos engenheiros que chegavam ao mercado de trabalho (Mc Masters, 2005). O resumo deste trabalho seminal encontra-se na Tabela 2.

Mais recentemente, a Academia Norte Americana de Engenharia (NAE *National Academy of Engineering*) desenvolveu um estudo lançado com a sigla GCSP (*Grand Challenges Scholars Program*) que foca na formação por Competências, e identificou as seguintes:

i. Competência de Talentos
ii. Competência Multicultural
iii. Competência Multidisciplinar
iv. Competência de Empreendedorismo
v. Competência em Consciência Social

Tabela 2. Atributos de um bom engenheiro

- Bom entendimento dos fundamentos científicos da engenharia:

    Matemática (incluindo estatística)

    Física, Química, Biologia

    Tecnologia de Informação (isso **não** significa ser adestrado em "Google")

- Bom entendimento dos processos de projeto e fabricação

- Entendimento básico no contexto no qual a engenharia é praticada:

    Economia (incluindo negócios)
    História
    Meio Ambiente
    Necessidades Sociais
    Direitos do Consumidor
    Política

- Boa capacidade de comunicação em mais de um idioma:

    Escrever, falar, ler e ouvir:

- Padrão ético elevado

- Capacidade de pensar crítica, criativa, independente e cooperativamente

- Flexibilidade (adaptação a mudanças rápidas e profundas)

- Perspectiva multidisciplinar

- Curiosidade e desejo de aprender

- Entendimento da importância do trabalho em equipe

- Percepção da importância e necessidade de convívio com a diversidade

De 5 a 7 de agosto de 2019, foi organizado um evento na UFMG, justamente para discutir o GCSP e avaliar o engajamento das universidades brasileiras nesse programa estadunidense. Na oportunidade, estranhei a falta de uma sexta competência:

vi. Competência em Consciência Ecológica e Ambiental

A argumentação dos representantes do programa, presentes ao evento, foi que a minha sugestão já estaria contemplada na quinta competência. Provavelmente, temiam uma reação negativa do presidente dos

EUA na época, Donald Trump, um negacionista dos efeitos climáticos. De fato, a sexta competência precisa ser explicitada.

Deve-se destacar que as mencionadas competências, incluindo a sexta, já se encontram presentes no estudo da Boeing.

A proposta GCSP pressupõe a participação de indústrias e empresas, condições inexistentes aqui no Brasil, pelo menos na quantidade e qualidade desejáveis. No entanto, as Equipes de Competição, cada dia mais presentes nas Escolas de Engenharia nacionais, preenchem, com larga folga, as competências propostas pela NAE. Basta incentivar a participação estudantil. A importância da atividade merece o reconhecimento através da concessão de créditos de estágio ou de atividades complementares. Uma solução simples e eficaz, sem necessidade da pompa, ou das contribuições financeiras do programa proposto no referido seminário.

Também, em 2019, foi publicada a resolução do MEC que instituiu as Diretrizes Curriculares Nacionais (DCN) dos Cursos de Graduação em engenharia[4]. O texto, de 6 páginas, também poderia ser retratado no Quadro anterior, comprovando a atualidade do estudo da Boeing.

3. Especialidades

Tive muita dúvida na minha escolha por Engenharia Elétrica ao terminar o segundo ano do curso básico. Hoje em dia, com mais opções profissionais e com a escolha da especialidade já no vestibular, como ocorre na UFRJ, a dificuldade de alguns jovens será ainda maior.

---

[4] Resolução CNE/CES 2/2019. Diário Oficial da União, Brasília, 26 de abril de 2019, Seção 1, pp. 43 e seguintes. Esta resolução recebeu uma pequena alteração no artigo nono através da Resolução CNE/CES 1/2021. Diário Oficial da União, Brasília, 29 de março de 2021, Seção 1, p. 85.

Acredito que o estudante de engenharia deve possuir habilidades para o método científico. Se a opção for engenharia mecânica, elétrica, civil ou qualquer outra, a diferença é mínima. A qualidade do curso, as facilidades oferecidas pela faculdade, o mercado de trabalho, esses são os fatores significativos. O engenheiro precisa, sim, ter uma boa base em matemática, física, química, inglês, que lhe permita manter-se sempre atualizado, e abertura para dialogar com colegas de outras especialidades, incluindo aí físicos, sociólogos, políticos, arquitetos, economistas.

Podemos visualizar o conhecimento técnico como um plano suportado por pilares, que são os fundamentos básicos. Sobre este plano colocamos uma esfera, que deve se manter centrada. Quando um dos pilares sobe mais, os demais necessariamente acompanham o crescimento para manter a esfera equilibrada. Nos últimos anos, isto aconteceu com a evolução da eletrônica que impulsionou a computação e esta onda afetou todos os ramos da engenharia, economia, telecomunicações, dando origem inclusive aos algoritmos de inteligência artificial.

Claro que as coisas não são exatamente deste modo simplista que estou colocando, mas também não são um bicho de sete cabeças como alguns tentam apresentar. Por exemplo, dizendo que é mais crítico escolher uma profissão do que um esposo ou esposa, pois esses últimos, podemos trocar com mais facilidade. Acho que está se complicando muito na escolha da profissão e simplificando na escolha do parceiro! (Stephan, 2000).

EXERCÍCIO 16: Faça um paralelo deste texto com a palestra de Alec Broers, *The Triumph of Technology #1*: *"Technology will determine the future of human race"*.

4. Perspectivas para o Ensino da Engenharia no Brasil

Em 2021, a Academia Nacional de Engenharia (ANE) estabeleceu um grupo de trabalho para avaliar riscos, ameaças e oportunidades do ensino de engenharia no país (Gomes, 2021).

Estávamos em plena COVID-19, ocasião em que os cursos remotos proliferaram, como se também fossem uma pandemia. A indústria brasileira já se encontrava em queda há mais de duas décadas, com significativa redução na participação do PIB (Produto Interno Bruto) nacional (Figura 13). Chegamos a níveis mais baixos que os de 1950.

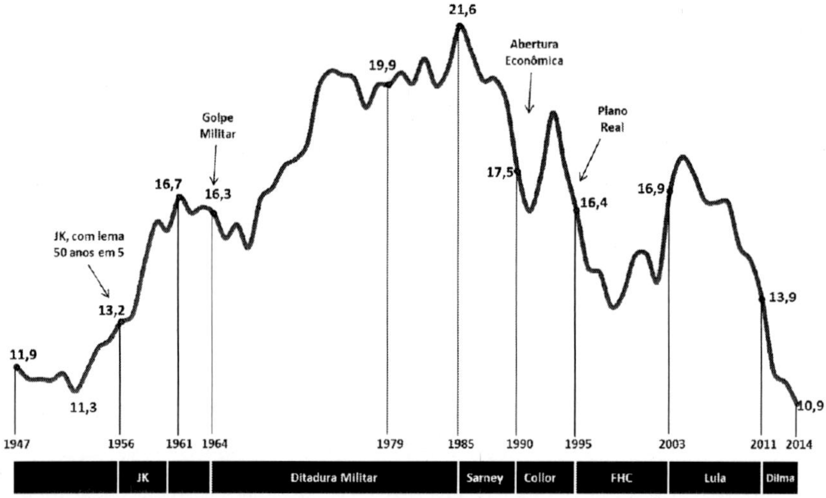

Fonte: IBGE. Elaboração: Depecon-FIESP segundo método Bonelli e Pessoa, 2010.

Figura 13 Participação da indústria de transformação no PIB, em %

De um modo geral, a confiança no ensino, pesquisa e desenvolvimento passava por um período conturbado. Parte dessa desconfiança talvez se explique pelos R$ 13 Bilhões injetados no programa Ciências Sem Fronteiras (CsF), Figura 14.

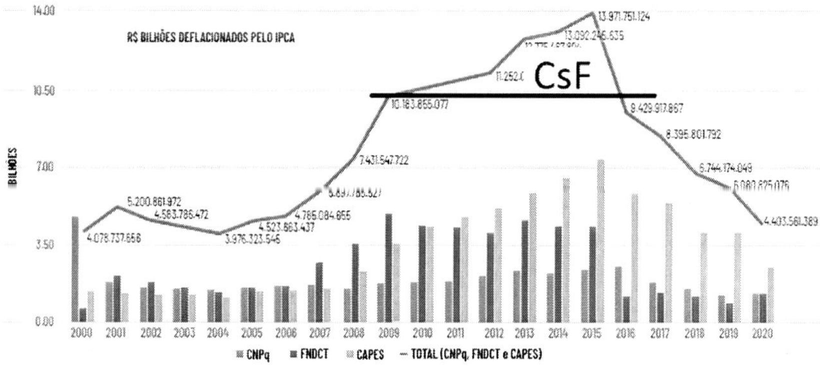

Figura 14. Orçamento dos principais fundos de apoio à pesquisa científica e tecnológica no BRASIL- FNDCT, CNPq, CAPES (2000 a 2020) - Fonte IPEA

O relatório final apresentado pela ANE destacou o impacto do que chamou Revolução do Conhecimento do século XXI, fazendo um paralelo com a Revolução Industrial do século XVIII. No passado, o artesão perdeu sua função perante a fabricação em massa, e abriu-se a porta para as empresas multinacionais. No presente, o professor perde força diante da facilidade de informação oferecida pelos modernos meios de comunicação, e existem as condições para a criação de universidades multinacionais.

Em síntese, foi apresentada a seguinte proposta para os cursos de engenharia de modo a incentivar a criatividade, a aversão ao risco, o espírito inovador, a independência intelectual e o poder de transformação esperado da engenheira e do engenheiro do futuro.

- Cursos com conteúdo interdisciplinar, como necessário em um ambiente universitário, além de uma simples faculdade de engenharia.

- Redução de horas de ensino bancário (aluno sentado e ouvindo o professor falar) e que podem ser substituídas por aulas assíncronas gravadas.

- Participação de atividades presenciais insubstituíveis pela via virtual, especialmente trabalhos de laboratório.

- Formação em dois ciclos, sendo o primeiro, de dois anos, comum a todas as especialidades.

- Ações de integração nacional, com facilidade de mobilidade de estudantes e professores.

- Participação de profissionais de reconhecida competência como professores de tempo parcial.

- Ações de integração internacional, favorecendo o intercâmbio de estudantes e admitindo disciplinas oferecidas em outro idioma, especialmente inglês.

- Ações de aproximação com a sociedade.

- Ações de aproximação com a indústria.

A aproximação com a sociedade e com a indústria abre oportunidades únicas. Por exemplo, os problemas de saneamento, habitação, mobilidade, disponibilidade energética e urbanização de favelas carecem de soluções efetivas e necessariamente brasileiras. Não devemos nos esquecer que da mesma forma que não faz sentido um curso de medicina sem hospitais, não cabe um curso de engenharia se não existir indústria. A solução dos problemas da sociedade exige o desenvolvimento industrial.

Fica claro também que o desafio de melhorar o ensino da engenharia não se encontra restrito ao interior do Campus Universitário ou das salas de aula. O problema perpassa o plano de industrialização do País.

Finalmente, propõe-se um sistema de acreditação, que ateste a qualidade do formando ao final do curso. Sem dúvida, novos tempos!!!

O relatório conclui chamando a atenção da necessidade de uma preocupação consistente e duradoura com a educação básica, para se atingir um ensino de engenharia de qualidade. *"Em todos os países desenvolvidos, a formação básica está sob a responsabilidade do Estado (Alemanha, Inglaterra, EUA, Japão, China, etc.). Infelizmente, aqui no Brasil, as escolas particulares para o ensino fundamental e ensino médio proliferam. Certamente, estamos no caminho errado. Urge uma correção."*

EXERCÍCIO 17: Em que idioma Isaac Newton, que era inglês, publicou seus principais trabalhos? Qual a lição que o grupo extrai disso, em um mundo em que o inglês se impõe como a língua de comunicação técnica?

EXERCÍCIO 18: Informe-se sobre a ANE (Academia Nacional de Engenharia). Quando foi fundada? Quantos são os seus membros? Qual contribuição dá para a sociedade?

5. O Essencial da Engenharia

"Pois o visível é passageiro, mas o invisível eterno." (2 Cor 4,18)

Um profundo conhecedor da química do cérebro e do comportamento do homem e da sociedade alertou-me *"que engenharia é técnica, e que amor e técnica estão em eixos ontológicos distintos, em linhas diferentes de tendências humanas: ética e estética, respectivamente"*. Mas, para estabelecer coordenadas em um plano, valemo-nos usualmente de eixos ortogonais. O texto seguinte traça um perfil da vida tendo como referência os eixos ortogonais: amor e engenharia.

O que a engenharia tem de essencial? Para mim, uma difícil pergunta. Vou tentar contornar esta dificuldade falando das obras da engenharia. Acredito que por aí será possível chegar a uma concepção do que a engenharia tem de essencial.

Definição tentativa: obras da engenharia são o conjunto das coisas visíveis menos o conjunto das coisas da natureza.

Usando notação de Teoria dos Conjuntos:

{OBRAS DA ENGENHARIA} = {COISAS VISÍVEIS} - {COISAS DA NATUREZA}

Mas, como nos ensina Saint Exupery: *"O essencial é invisível aos olhos"*. Assim, concluímos que a engenharia não é essencial. Essencial, fundamental, afinal, é o amor, e a engenharia se torna uma atividade árida, fria, desconexa de tudo que é importante nesta vida.

O problema é que o amor, por sua vez, também é algo difícil de definir. Os gregos tinham três palavras para amor: eros, filos e ágape. Nós em português, inglês, alemão, espanhol, francês e, acredito, em quase todos os idiomas de uso contemporâneo, tratamos por uma só, que pobreza!!!

- O sensual encantamento por uma mulher ou por um homem são exemplos de amor eros, a forma mais simples e que normalmente se atribui à nossa palavra amor.

- A dedicação de uma mãe, a abnegação de um pai e o companheirismo entre colegas são exemplos de amor filos.

- O amor ágape é o que retrata o amor sublime de um religioso ou dos seres humanos em situações extremas.

Em qualquer caso, é necessário um ato que externe este sentimento para que ele seja compreendido. Justamente neste ponto é que reencontramos a engenharia como a forma mais efetiva dos homens mostrarem que amam. Afinal, a escravidão só pôde terminar graças aos recursos tecnológicos que mostraram dispensável o trabalho escravo. As epidemias, fome, frio e outros flagelos podem ser superados com recursos da engenharia. A distância entre as pessoas e muitos outros exemplos podem ainda ser colocados.

Alguém, com razão, pode lembrar que a engenharia também provoca poluição, morte e esgotamento dos recursos naturais. Muito bem, mas isto apenas indica que o engenheiro do novo milênio precisa, mais do que antes, considerar estes fatores nos seus projetos.

Bela essa profissão que me permite concretizar o sentimento mais nobre da humanidade: o amor! (Stephan, 2000).

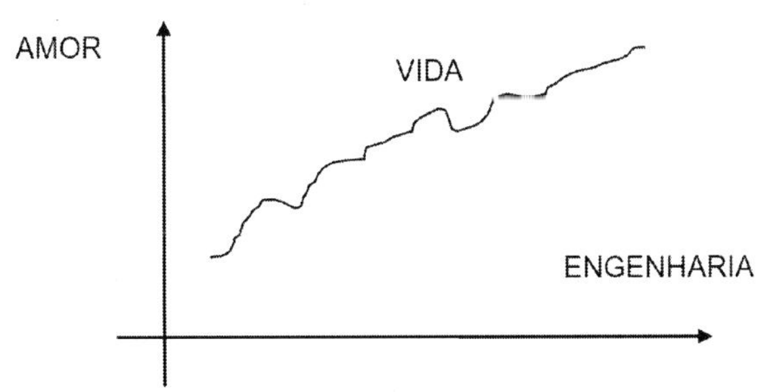

Figura 15. Engenharia e Amor como eixos coordenados para orientar a vida

EXERCÍCIO 19: Faça um paralelo deste texto com o texto de Alec Broers *The Triumph of Technology* #2: "*Collaboration*."

6. Método KISS

KISS é o acrônimo de *"Keep It Simple, Stupid"*, que poderia ser traduzido por "Faça-o simples, seu estúpido". Há quem prefira dizer *"Keep it Simple and Short"*, mas, neste caso, o acrônimo seria KISAS, perdendo o charme dado pela palavra KISS, beijo, em português.

Ainda que grosseira, a mensagem guarda muita beleza, especialmente quando ilustrada pelas seguintes máximas de pessoas famosas.

"Simplicidade é o último grau de sofisticação", Leonardo da Vinci.

"Menos é mais", Mies Van Der Rohe.

"Tudo deve ser feito da forma mais simples possível, mas não mais simples que isso", Albert Einstein.

"Belo é o que se atinge quando nada mais pode ser retirado e qualquer adição se faz desnecessária", Antoine de Saint-Exupéry.

"Se elogiam os meus livros, a virtude provém unicamente do método sistemático de eliminação de todas as pausas supérfluas e de todos os ruídos colaterais, e se reconheço em mim uma espécie de arte, então é a arte de abrir mão, pois não me queixo quando de mil folhas escritas, oitocentas vão para o cesto de papel e só duzentas restam como essência filtrada", Stefan Zweig (2014).

"O mais profundo é sempre também o mais simples", Pe. Pedro Magalhães Guimarães Ferreira (2015).

"*Small is beautiful*", Ernst Schumacher (1973).

EXERCÍCIO 20: Escreva duas ou três linhas a respeito da vida de cada um dos autores das frases acima.

7. Apresentações

A engenheira e o engenheiro precisam argumentar e apresentar seus projetos e propostas de forma objetiva e clara. Isso exige um certo esforço e treino. Existe uma obra clássica compilada das reflexões do filósofo alemão Arthur Schopenhauer (*1788; †1860) e publicadas após seu falecimento. O título da tradução em português varia conforme a editora: "A Arte de Ter Razão", pela Martins Fontes, ou, o mais chamativo "Como Vencer um Debate sem Precisar Ter Razão", pela Editora Topbooks. O autor nacional, Antônio Soares Abreu, apresenta no seu livro, "A Arte de Argumentar", o encadeamento do raciocínio de uma forma mais simples do que Schopenhauer.

Além da argumentação, a retórica também desempenha um papel importante. Isso já era reconhecido pelos gregos, como didaticamente descrito por Leith (2016). Para os interessados, vale a pena conhecer o treinamento *Toastmasters* (https://toastmasters.org/), bem difundido pelo mundo.

Finalmente, a apresentação em si também possui alguns segredos, revelados na literatura (e.g. Mc Carthy, 2015). Algumas orientações, quando se vale de projeção tipo *Power Point*, são bem simples, mas frequentemente esquecidas pelos apresentadores:

- Inicie com um título atraente.
- Logo no início, apresente os tópicos da palestra e uma estimativa de tempo de duração. Isso tranquiliza a plateia.

- Use figuras bem-feitas e evite textos. Lembre-se de que uma figura diz mais do que mil palavras. Um vídeo, mais ainda.

- Se precisar escrever, escolha letras suficientemente grandes e leia o que está projetado, palavra por palavra, apontando para o que se lê. Caso contrário, a audiência não saberá se presta atenção no orador ou naquilo que está escrito. Lembre-se da lição: "escreveu não leu, pau comeu".

- Numere suas transparências, isto facilitará na hora das perguntas e dúvidas.

- Evite muita informação por escrito em uma única projeção, mas, se for inevitável, use animações para mostrar o texto parte por parte, quase como se fosse um show de *"strip-tease"*.

- Substitua tabelas repletas de números por gráficos simples.

- Apresente seguindo uma sequência lógica e treine antes com a ajuda de uma audiência crítica, porém amiga (colegas de turma, parentes, amigos).

Ao falar:

- Evite as chamadas expressões de enchimento, especialmente se repetidas com frequência, como "Ah!", "Hum!", "Tipo", "Sabe?", "OK", "Né?". Elas produzem efeito similar ao de ruído de fundo.

- Se precisar de um tempinho para pensar, em lugar de "expressões de enchimento", fique em silêncio. Isso atrai a atenção da audiência.

- Procure contato visual com a audiência, e nunca se fixe em uma única pessoa.

- Evite movimentos repetitivos, como ajeitar o cabelo, mexer nos óculos, tocar em moedas ou chaves (principalmente se fizerem barulho).

- Varie a entonação da voz, pronuncie claramente e em volume suficientemente alto para ser escutado com facilidade.

- Fale com uma velocidade adequada, nem muito rápido, nem muito lento; algo em torno de 150 palavras por minuto.

Ao escrever:

- Cuide da correção do idioma, especialmente da concordância e da pontuação.

- Releia o que escreveu no dia seguinte e melhore o seu texto.

- Evite frases longas.

- Corte o desnecessário. Lembre-se do método KISS.

- Cuide para não repetir as mesmas palavras, e evite empregar palavras de pouco valor, como "pequeno ou grande", que pouco acrescentam. Melhor comparar (maior, menor) ou quantificar.

- Leia escritores reconhecidos, prestando atenção como se expressam.

EXERCÍCIO 21: Quantos anos Maxwell tinha quando Schopenhauer faleceu?

EXERCÍCIO 22: Você sabe explicar o porquê do nome *Power Point*? Projete uma apresentação e aperte a tecla "ponto". O que acontece? Faz sentido o nome escolhido?

EXERCÍCIO 23: Como seria a tradução literal do título do livro de Sam Leith sobre retórica? Como você avalia a escolha do autor?

8. Referências Arquivais e Efêmeras

Os trabalhos referenciados em artigos, relatórios técnicos, projetos de fim de curso, dissertações de mestrado, teses de doutorado, livros científicos, em geral, todas as publicações acadêmicas devem estar suportadas em documentos que passaram pelo crivo de uma avaliação e que se encontram registrados de forma arquival, ou seja, que estejam devidamente guardados e possam ser recuperados quando necessário.

Atualmente, quando o jovem chega na Universidade, já sabe fazer consultas na internet e obter informações com rapidez. No entanto, existe muita coisa errada em *blogs* e páginas da *web*. Esse tipo de referência não serve para trabalhos acadêmicos.

O Portal de Periódicos da CAPES (http://www.capes.gov.br) merece ser conhecido por todos os estudantes. Um jovem egípcio ao entrar na Biblioteca de Alexandria, imagino; sentiria a grandiosidade dos inúmeros documentos registrados em pergaminhos. Essa mesma sensação deve sentir o estudante dos dias de hoje quando se familiarizar com o Portal. O acesso encontra-se disponibilizado para todos os alunos universitários e a CAPES paga caro por isso. Quem já precisou procurar um artigo técnico em biblioteca e viveu a frustração de não o encontrar, de solicitar empréstimo entre bibliotecas e esperar longos períodos para tê-lo em mãos, facilmente reconhecerá o valor do Portal. As informações aí disponíveis têm o selo de garantia de referências arquivais e estão imediatamente ao seu dispor.

As referências acadêmicas também devem ser rigorosamente fornecidas. Do mesmo modo que o endereço para uma correspondência oficial contém destinatário, rua, número, apartamento, cidade, país e CEP; um documento acadêmico precisa ser identificado pelo autor, título, ano de publicação, local, etc. As referências deste livro de Introdução à Engenharia seguem uma norma de citação e servem como uma primeira orientação. Muito importante notar que existem partes destacadas em *itálico*. Isso não é por acaso.

Os exercícios seguintes incentivam o uso do Portal de Periódicos da CAPES e, também, objetivam despertar o interesse pela leitura em inglês.

EXERCÍCIO 24: Operações que exigem grande complexidade de processamento podem ser substituídas pela execução, em paralelo, de operações mais simples. Este assunto foi abordado em artigo da revista IEEE Spectrum[5], julho de 2010. Procure este artigo no Portal de Periódicos da CAPES e avalie as duas formas de processamento para o número π apresentadas no quadro da página 31 do referido artigo.

1. Como se explica a expressão para o processamento sequencial do número π?

2. Como se explica o processamento paralelo do número π?

[5] David Patterson (2010). The Trouble with Multi Core. IEEE Spectrum, Vol. 47, n.7, pp. 28-31,52-53.

EXERCÍCIO 25: Schaeffer e outros[6], após estudos iniciados em 1989 e contando com o auxílio de cerca de 50 computadores, conseguiram mapear as cerca de 5 x10^{20} possibilidades do Jogo de Damas e provaram que o resultado da partida corretamente disputada é o empate. Como o computador não comete enganos, a vitória contra qualquer ser humano fatalmente ocorrerá após algumas partidas. Procure este artigo científico no Portal de Periódicos da CAPES e responda às seguintes perguntas:

a. Qual o número estimado de possibilidades para o jogo de Xadrez?

b. Como dar significado a este número? Seria da mesma ordem de grandeza do número de fios de cabelo de todos os seres humanos sobre a face da Terra? Ou do número de segundos transcorridos desde o Big Bang? Ou do imposto anual recolhido pelos brasileiros expresso em centavos? Ou do número de folhas nas árvores da floresta Amazônica? Qual sua visualização para esta quantidade?

c. O trabalho de Schaeffer não se aplica para resolver o jogo de Xadrez. Por quê? Como então são feitos os programas de computador que jogam Xadrez?

EXERCÍCIO 26: No Portal de Periódicos da CAPES, consulte o artigo de James C. Rautio, publicado na revista IEEE Spectrum de Dezembro de 2014, página 36 e seguintes.

1. Qual o tema do trabalho?

---

[6] Jonathan Schaeffer, Neil Burch, Yngvi Bjoernsson, Akihiro Kishimoto, Martin Mueller, Robert Lake, Paul Lu, Steve Sutphen (2007). Chekers is Solved. *Science Magazine*, Vol. 173, no. 5844, pp. 1518-1522.

2. Destaque uma parte que lhe chamou especial atenção. Copie e traduza esse pedaço do artigo. Comente o que despertou seu interesse.

9. Os Números

Os números e a matemática, de um modo geral, fazem parte do dia a dia da engenharia. Para quantificar, uma das habilidades exigidas na engenharia, dependemos de aparelhos de medida e, fatalmente, de números. Por isso, não custa reforçar a importância de se dedicar ao máximo aos cursos de cálculo, álgebra linear, lógica e qualquer outro de fundamentos de matemática. Mesmo que a aplicação não pareça evidente, acredite, o conteúdo dessas matérias, bem como os de física e química, fará a diferença na sua atuação profissional.

O primeiro conjunto de números foram os Naturais, possivelmente utilizados para contar ovelhas ou outro objeto da natureza, dando sentido ao nome escolhido (Kitchen, 1968). Seguiu-se o conjunto dos Inteiros, resultado das operações de subtração; o dos números Racionais, como consequência das operações de divisão entre números Inteiros; os Reais, com as operações de radiciação e, finalmente, os números Imaginários e Complexos, explorados no próximo exercício.

EXERCÍCIO 27: Os números imaginários atendem à necessidade de representação da raiz quadrada de números negativos. No colégio, aprendemos que $i=\sqrt{-1}$. Em Engenharia Elétrica, em lugar de "i" usa-se "j", uma vez que usualmente já se indica a corrente elétrica com a letra "i".

Os números reais e os números imaginários não se misturam, mas se combinam para formar os números complexos, apresentados como "a + jb", em que "a" e "b" são números reais.

Leonhard Euler (*1707; †1783) deu significado à exponencial de números imaginários estabelecendo a equivalência:

$$e^{j\theta} = \cos\theta + j\operatorname{sen}\theta.$$

A partir dessa relação, a representação geométrica dos números complexos em dois eixos perpendiculares, um para a parte real e o eixo ortogonal para a parcela imaginária, fica natural. Essa relação desempenha um papel significativo no estudo dos sistemas elétricos, por isso merece ser bem entendida pelos estudantes de Engenharia Elétrica.

Procure no Portal de Periódicos da CAPES o artigo de Karakok, Soto--Johnson e Dyben, publicado no Journal of Mathematics Teacher Education (2015), Vol. 18, n. 4, pp 327-351.

1. De que trata o artigo?

2. A Tabela 1 desse artigo apresenta diferentes formas de representação de números complexos. Quais dessas representações você já conhecia?

3. Resolva a questão de número 4, proposta no apêndice do artigo.

4. Mostre que $e^{j\pi} = -1$. Essa equação, conhecida como Identidade de Euler, é considerada uma das mais belas da matemática por envolver os números irracionais e, π, o número imaginário j, um número real negativo, exponencial e igualdade.

5. Quanto vale $10^{j\pi}$?

6. Determine: $\lim_{n->\infty} \sqrt[2n]{-1}$

Desenvolvimento Tecnológico

10. A Tecnologia de Samba

Entendo tecnologia como um processo cultural.

Os métodos usados por grupos europeus, asiáticos ou americanos, antes do mundo globalizado, eram bem distintos, consequência das condições naturais de cada comunidade. Estabeleceu-se uma cultura em cada região, fruto do viver, pensar e transformar a realidade que cercava os diferentes povos. Existem exemplos que mostram isto claramente. A expansão de Portugal através de navegações pelo Atlântico certamente está relacionada ao fato de o oceano ser a única saída para eles.

Hoje, a troca de informações e experiências ocorre de modo muito rápido. Independentemente desse fato, acredito que a nossa grande chance como engenheiros está em reconhecer os problemas próximos e procurar implementar soluções inovadoras para eles. Aí está o nosso nicho. No Brasil, existem exemplos bem-sucedidos de empresas que se dedicaram a resolver problemas tipicamente brasileiros, como os relacionados com a produção de petróleo, álcool, alimentos e energia elétrica.

Este tipo de tecnologia eu chamo de tecnologia de samba, uma vez que o samba faz parte da necessidade do brasileiro. Com os desfiles das escolas de samba, organizamos um teatro ao ar livre que atrai pessoas do mundo inteiro e até exportamos.

Considero, portanto, uma condição necessária para o sucesso de um empreendimento tecnológico que ele toque fortemente a vida das pessoas próximas.

Precisamos, porém, estar atentos que estas condições não são suficientes para o sucesso da tecnologia. Pelas condições suficientes, temos que lutar através de ações políticas (Stephan, 2000).

EXERCÍCIO 28: Faça um paralelo deste texto com o texto de Alec Broers *The Triumph of Technology* #3: *"Innovation and Management"*.

11. Tecnologia Disruptiva

Joseph Schumpeter, em 1934, apresentou uma formulação teórica para explicar o desenvolvimento econômico através de saltos tecnológicos disruptivos. Para perceber a importância desta obra, basta observar que a reedição, aqui referenciada, data de 2017. Schumpeter parte da suposição de uma economia totalmente equilibrada e estável, que chama de "economia circular". Nestas condições ideais, as trocas econômicas poderiam ser reduzidas a uma condição de mero escambo. Cada um produz exatamente o que precisa para sobreviver. A demanda encontra-se plenamente atendida pela oferta, apenas com oportunidade de uma pequena margem de lucro.

A utilização de um novo material, ou a descoberta de uma jazida, ou de um novo método de produção ou de organização, quebra o equilíbrio, gerando oportunidade de lucro. Como diz o professor de inovação da UFSC, Rogério Lacerda, trata-se de um momento de "destruição criadora". Passado algum tempo, o novo conhecimento difunde-se, surgem muitos capazes de oferecê-lo, e não existe margem para grandes lucros. Volta-se a uma situação de equilíbrio, como a inicial (Figura 16).

Na verdade, a sociedade encontra-se sempre vivendo transitórios disruptivos, especialmente nos dias de hoje. O modelo apresentado visa apenas o entendimento da teoria. A evolução tecnológica marca significativamente a trajetória do homo sapiens (Figura 17), que, infelizmente, ainda não consegue fazer seu coração acompanhar o desenvolvimento da sua mente (Toynbee, 1979).

EXERCÍCIO 29: Procure se informar mais sobre Schumpeter, quando viveu, qual sua nacionalidade? Você poderia citar exemplos que confirmam a teoria por ele proposta? Será ainda válida para explicar as *startups*, as empresas incubadas nos Campi Universitários?

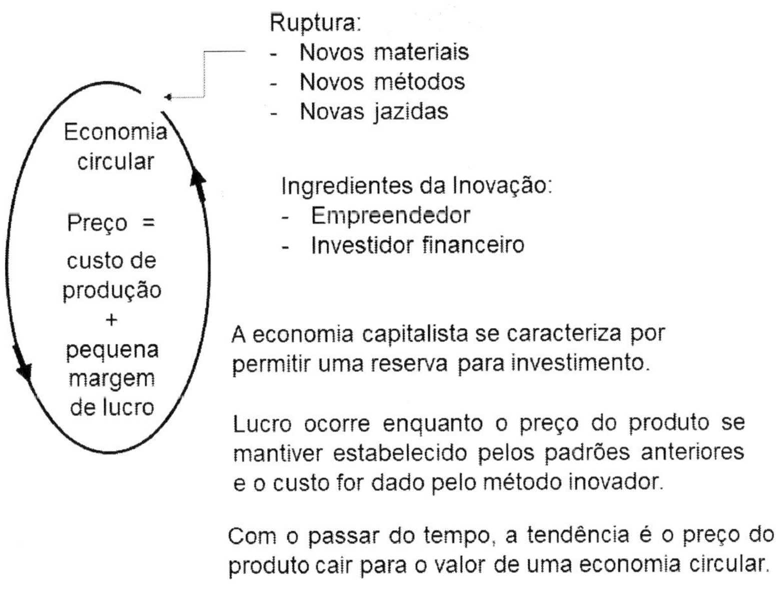

Figura 16. Esquema da proposta de Schumpeter

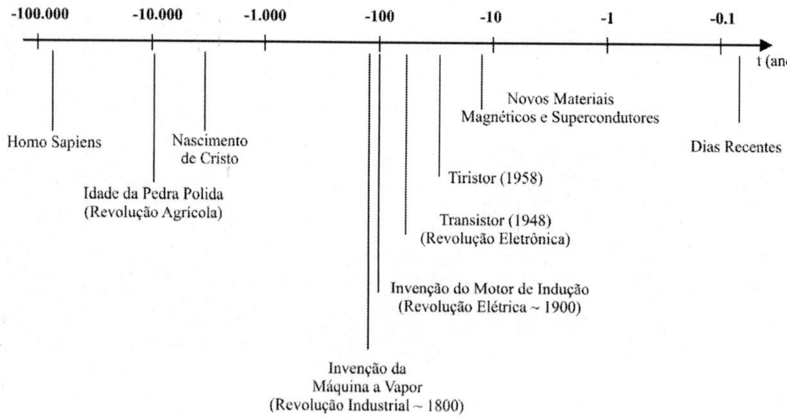

Figura 17. Breve história da Tecnologia em escala logarítmica

12. Empreendimentos de Base Tecnológica

O sucesso de um empreendimento tecnológico está alicerçado na existência de um mercado ávido do produto, de uma indústria capaz de produzi-lo e, naturalmente, das pessoas capazes de coordenar e executar a tarefa da produção. Esses três elementos funcionam como um tripé de sustentação (Mullins, 2006).

Os telefones móveis exemplificam a situação. Ninguém questiona a utilidade de um telefone portátil. De longa data, existe mercado para esse produto. No entanto, microprocessadores eletrônicos e baterias leves e de longa durabilidade só começaram a ser fabricados no final do século passado. Antes disso, existiam telefones móveis, mas apenas para aplicações militares, por exigirem grande preparo físico para serem transportados. Pessoas capazes de aproveitar essa oportunidade tecnológica apareceram em diversos países. Infelizmente, não no Brasil, nem nesse, nem em muitos outros casos. A procura pelo motivo exige uma retrospectiva histórica, que será discutida mais adiante.

Cabe ainda destacar que o ambiente acadêmico objetiva a transmissão e geração de conhecimento, mas não a produção de equipamentos em escala industrial. No caso do projeto MagLev-Cobra (Stephan, 2015), chegamos no limite da competência de um departamento universitário. A etapa de industrialização terá obrigatoriamente que ser delegada a uma empresa.

Simplificadamente, a Universidade transforma dinheiro (recursos financeiros) em conhecimento. Já a missão da indústria inovadora consiste em transformar conhecimento em dinheiro.

Como engenheiro, somos tentados a pensar que a tecnologia empurra o desenvolvimento (*technology push*). Ironicamente, fala-se de "uma solução à procura de um problema". Na visão do empreendedor moderno, o mercado deve puxar o desenvolvimento (*market pull*), ou seja, "um problema em busca de uma solução".

***EXERCÍCIO 30*:** Um exemplo emblemático de inovação tecnológica foi retratado na passagem bíblica da luta de David contra Golias (1 Samuel 17, 1-51). Explique.

Figura 18. David vence Golias (pixabay)

13. Patentes & Publicações

Inicialmente, dois conceitos fundamentais devem ser bem entendidos:

Ideias não geram patentes; procedimentos e métodos, sim.

Por exemplo, a simples ideia de fazer pão de queijo não justifica uma patente. No entanto, a receita, descrevendo os ingredientes, suas quantidades e o modo de cozimento, isso sim, seria patenteável. Assim, legalmente, não existe o conceito de roubar uma ideia, posto que a ideia não fornece um bem tangível. Já processos ou métodos de concretizar uma ideia são passíveis de roubo. Nota-se aqui o erro coloquial quando a expressão "vale a pena patentear" é empregada para uma nova ideia.

A propriedade da patente pertence a quem patrocina.

Por exemplo, o vestido de uma noiva não pertence à costureira e sim a quem pagou pelo trabalho e material. Para ilustrar, digamos que o pai da noiva, sem o mínimo conhecimento de moda e costura, patrocinou. À costureira, credita-se a criação do modelo do vestido, no entanto, a propriedade pertence ao pai da noiva, que tem o direito de permitir ou não a confecção de um vestido similar ao da sua filha. Portanto, por exemplo, todo trabalho criativo, desenvolvido pelo empregado de uma empresa no seu local de trabalho, pertence ao empregador. Ao empregado, credita-se a invenção, mas não a propriedade da invenção.

Os versos da Canção da Patente resumem de modo lúdico essas informações. A inspiração chegou como uma catarse, um recado para um colega de trabalho que nos trouxe muita dor de cabeça. Ficarei recompensado se os leitores aprenderem com os meus erros e não os cometerem.

Canção da Patente

Richard Stephan

Cuidado minha gente
Escute esta canção
Ideia n'é patente
Mas tá solto charlatão

Ideia tem um monte
Saber nem um pouquinho
Ideia n´horizonte
Patente é o caminho

Ideia é um sonho
Patente realidade
Veja o que proponho
N´é mera vaidade

O dono patrocina
Inventor é o artista
Está aí a grande sina
Que define a conquista

Velhaco circulando
Pousa como inventor
PI depositando
Não passa de impostor

Ideia é um sonho
Patente realidade
Veja o que proponho
N´é mera vaidade

A distribuição dos direitos autorais encontra-se regulamentada pela Lei de Inovação. No caso da UFRJ, a Agência Inovação, responsável pela Propriedade Intelectual da Universidade, estabelece que 1/3 dos direitos pertence à UFRJ, 1/3 pertence ao pesquisador ou pesquisadores inventores e 1/3 ao departamento onde trabalham.

Cada país possui seu órgão para registro e a patente vale apenas onde foi depositada. Por exemplo, as informações contidas em uma patente depositada na Alemanha, França e China podem ser utilizadas no Brasil sem a necessidade de autorização ou de pagamento de *royalties*. Os autores da patente, se desejarem, têm um prazo para aplicar o pedido em outros países, mas só eles possuem esse direito, a tentativa de qualquer outra pessoa ou instituição seria negada na hora da avaliação.

Na Universidade, as publicações técnicas e científicas em revistas com considerável fator de impacto (JCR) servem para promover e qualificar docentes e discentes, especialmente os doutorandos. Uma vez publicado um artigo, a submissão de patentes fica comprometida. Dependendo do conteúdo, os autores precisam depositar a patente, antes de publicar. No Brasil, publica-se bastante, mas somos fracos em patentes.

EXERCÍCIO 31: Descreva brevemente o índice JCR (*Journal Citation Report*).

EXERCÍCIO 32: Informe-se sobre o INPI (Instituto Nacional de Propriedade Industrial) e descreva a missão deste órgão governamental em poucas linhas.

EXERCÍCIO 33: Mencione três órgãos internacionais de patentes, destacando o país de origem.

EXERCÍCIO 34: Procure se informar sobre a Agência de Inovação da sua universidade. Qual sua missão? Onde fica localizada?

EXERCÍCIO 35: Faça um levantamento para comparar o número de artigos publicados com o número de patentes depositadas por brasileiros.

14. Níveis de Maturidade Tecnológica (TRL)

A ABNT publicou, em 2015, a norma ABNT NBR ISO 16290:2015 - Sistemas espaciais - Definição dos níveis de maturidade da tecnologia (TRL - *Technology Readiness Level*) e de seus critérios de avaliação, elaborada pelo Comitê Brasileiro de Aeronáutica e Espaço.

Esta Norma é aplicável principalmente aos materiais relativos aos sistemas espaciais, embora as definições possam, em muitos casos, ser usadas em um domínio mais amplo. Ela foi elaborada levando em consideração principalmente documentos da NASA (*National Aeronautics Space Administration*), do DoD (*USA Department of Defense)* e de Agências Espaciais Europeias (DLR, CNES, ESA).

Para exemplificar os níveis de Maturidade Tecnológica e facilitar o seu entendimento, tomaremos o desenvolvimento do projeto MagLev-Cobra.

A tecnologia MagLev-Cobra propõe um veículo de levitação magnética com articulações múltiplas, que permite efetuar curvas de raios de 50m, vencer aclives de até 15% e operar em vias elevadas a 70km/h ou mais.

Seu custo de implantação é da ordem de 1/3 do necessário para um metrô, comparável ao de um VLT e mais econômico que o Mono Trilho.

Para obter a levitação, o sistema vale-se da propriedade diamagnética dos supercondutores de elevada temperatura crítica e do campo magnético produzido por imãs de terras raras. Esses materiais só foram produzidos a partir do final do século passado. Ainda não existe, até a presente data, um veículo da tecnologia aqui proposta em uso comercial, o que lhe confere originalidade, oportunidade de inovação e crescimento tecnológico.

A tração é obtida por ação de um motor linear, tecnologia que também abre novas perspectivas para o parque industrial brasileiro.

Por ser movido à energia elétrica, cuja geração no Brasil é predominantemente de origem hidráulica, o sistema MagLev-Cobra funciona sem a emissão de gases poluentes.

Por não depender de atrito mecânico, o MagLev-Cobra, além de menor consumo energético, não produz poluição sonora, podendo se harmonizar com a arquitetura das cidades em vias elevadas, apresentando uma imagem futurista dos locais onde for instalado.

A UFRJ, através da COPPE, vem trabalhando no desenvolvimento desta tecnologia desde o ano 2000 (Stephan, 2015). A evolução encontra-se organizada em 4 etapas (Stephan, 2021 b):

i. Prova de Conceito, que correspondeu à construção de um Protótipo em Escala Reduzida, finalizado em 2006 com o apoio do CNPq, CAPES e FAPERJ. O total de recursos investidos nesta etapa foi da ordem de R$100mil.

ii. Protótipo Funcional, desenvolvido entre 2008 e 2012 com recursos da FAPERJ e da FUNDAÇÃO COPPETEC, totalizando cerca de R$ 4,8 Milhões. Esse protótipo objetivou demonstrar a viabilidade técnica do veículo em escala real, sua capacidade de suportar cargas, efetuar curvas, vencer declividades, tudo ainda dentro de um ambiente controlado de laboratório.

iii. Protótipo Operacional, para o qual foram levantados recursos de R$ 6,5 Milhões do BNDES/FUNTEC. Ao apoio público, somou-se a participação de empresas privadas. Esse protótipo opera atualmente para demonstrações semanais, em uma linha aberta, com 200 metros de extensão, para qualquer usuário, dentro do campus da UFRJ. Em suma, trata-se da comprovação da viabilidade operacional do equipamento. Vale destacar que o apoio da FAPERJ, oferecido para a concretização da etapa anterior, desempenhou papel significativo para a aprovação do projeto FUNTEC.

iv. Primeiro Produto. Esta etapa, na qual nos encontramos, necessita dos resultados da anterior para ser devidamente programada. Ela trará o esperado desdobramento para o crescimento industrial brasileiro.

As etapas encontram-se esquematizadas e enquadradas na escala TRL[7], como apresentado na Figura 19. Na verdade, a escala TRL vai só até nove. Introduzimos o nível TRL10, que não consta da Norma. De fato, a NASA fica satisfeita com alguns poucos exemplares dos equipamentos que desenvolve. Nós não, a industrialização em larga escala significa um novo patamar de dificuldade.

Cada degrau superior da escala TRL exige mais esforço mental, físico e financeiro para ser galgado, como o exigido de um alpinista que quer chegar ao topo do Everest (Figura 20).

Para os que tiverem interesse em conhecer melhor o projeto MagLev-Cobra, uma breve história encontra-se disponibilizada em:

https://drive.google.com/drive/folders/1EUP8Mog38SqQg_subknWBD7Fid08R9Fb

[7] ABNT NBR ISO 16290; *Definição dos níveis de maturidade da tecnologia (TRL)*, 2015.
DOE G 413.3-4A, *Technology Readiness Assessment Guide*, 2011.
European Association of Research and Technology Organisations. *The TRL Scale as a Research and Inno-vation Policy Tool*; EARTO: Bruxelas, 2014.

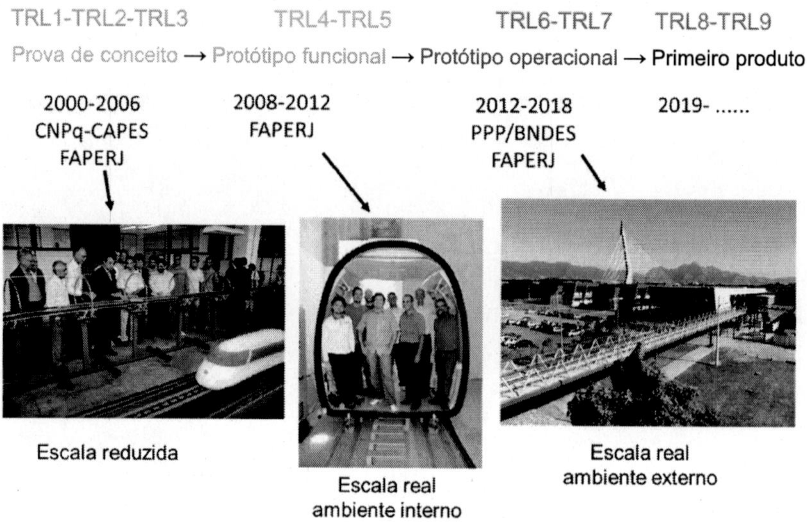

Níveis de Maturidade da Tecnologia

ABNT ISO 16290 de 16/10/2015

Prova de conceito	TRL1 – Princípios básicos observados e relatados TRL2 – Conceito e/ou aplicação da tecnologia formulados TRL3 – Validação experimental da prova de conceito
Protótipo de laboratório	TRL4 – Verificação em ambiente laboratorial TRL5 – Verificação em ambiente relevante
Ambiente externo	TRL6 – Verificação em ambiente relevante final TRL7 – Validação em ambiente operacional
Primeiro produto	TRL8 – "Qualificação para a missão" - testes e demonstrações TRL9 – "Aprovado para a missão" - operações bem sucedidas

TRL 10 – INDUSTRIALIZAÇÃO

46

Figura 19. O projeto MagLev-Cobra enquadrado na escala TRL

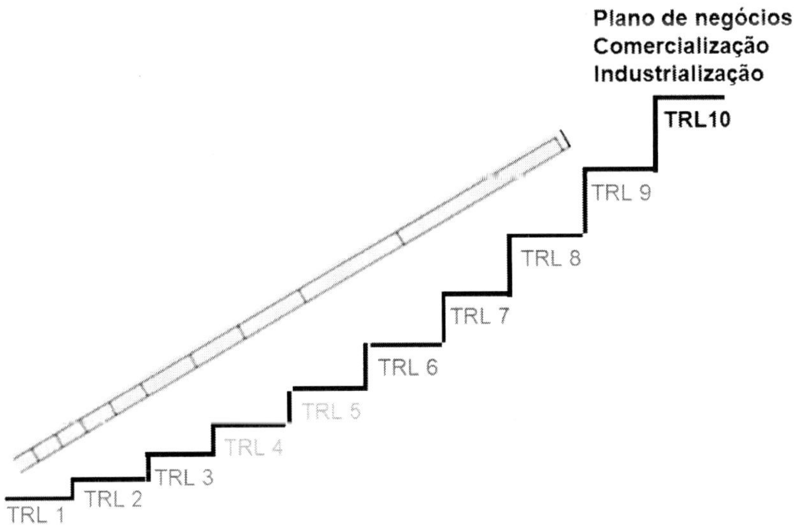

Figura 20. Os degraus da escala TRL com a inclusão do décimo nível

15. História Econômica do Brasil

Aprendemos na engenharia que a abordagem de qualquer problema inicia com um processo de identificação e estabelecimento de modelos, segue com a análise da situação tomando como base os modelos, para, só após estas etapas, avançar para a síntese ou proposta de solução do problema (veja Capítulo 10, Parte I).

O estudo de história permite identificar e analisar problemas sociais e econômicos, da mesma forma que o estudo de psicologia permite identificar e analisar problemas individuais. Sem história, o homem age apenas como um animal irracional, aquele que toma suas decisões baseado apenas nos instintos ou em reflexos condicionados por experiências pessoais. O conhecimento histórico oferece um encaminhamento sólido para decisões políticas. Essa é a proposta do presente capítulo, que inicia com uma tese:

"Não existe desenvolvimento social sem desenvolvimento tecnológico".

Essa afirmação não tem contraexemplo para ser contestada e deveria ser repetida como um mantra. O Princípio das Vantagens Comparativas, enunciado pelo inglês David Ricardo em 1820, que nos coloca como meros exportadores de matéria-prima e produtos agrícolas desde 1500, princípio esse seguido e respeitado por muitos dos nossos contemporâneos, está errado. Ele só foi formulado para favorecer a Revolução Industrial inaugurada pela Inglaterra no século XVIII. A China, nos últimos anos, desde o fim da Revolução Cultural com o falecimento de Mao Zedong, presta-se muito bem como exemplo. Foi o país que mais contribuiu para cumprir os objetivos 1 e 2 de sustentabilidade da ONU, que serão vistos mais adiante, erradicando fome e miséria do país, graças ao desenvolvimento tecnológico bem direcionado.

Como bem destacou Toynbee (1979), *"o homem só evoluiu da condição de catador de alimentos para a cultura Suméria e Egípcia graças ao desenvolvimento tecnológico"*.

Caio Prado Jr. (2017), em sua consagrada obra, História Econômica do Brasil, datada de 1945, diagnosticou corretamente o nosso problema crônico: *"Nossa economia está organizada essencialmente como fornecedora de produtos primários para mercados externos".* Abordagens recentes, como as de Caldeira (2017) ou D´Avila (2022), não conseguem contestar convincentemente essa afirmação, que continua atual. Em 2022, vivemos da exportação de soja, frango e minério de ferro. Ao mesmo tempo, grande parte da população sofre com insegurança alimentar e não tem esgoto tratado nem moradia decente.

Talvez o ministério de melhor desempenho no governo de Bolsonaro tenha sido o da infraestrutura, que viabilizou obras de ferrovias e portos para a exportação de produtos agrícolas e minérios. Segue o sucesso do Ministério da Agricultura, preocupado com o agronegócio, e o Ministério das Minas e Energia, satisfeito com o interesse mundial nos nossos recursos naturais. Ou seja, insistimos no velho equívoco.

Esse modelo econômico só atinge cerca de 1/3 da população brasileira, que, como eu, pode ter um projeto de vida, aspirações e progresso pessoal. Outro 1/3 possui alguma renda, mas não consegue realizar a vida na plenitude de seus respectivos potenciais. Encontra-se no que chamamos "luta pela sobrevivência". O restante 1/3 depende de programas assistenciais ou falece. A divisão aqui apresentada não pretende ser exata, encontra-se nas páginas 195-200 do excelente diagnóstico do Brasil formulado pelo experiente Luiz Alfredo Salomão (2021). Chegamos aqui graças a um processo de colonização suportado pela mão de obra escrava que durou três séculos e meio (Gomes, 2019).

Tentativas de ruptura deste sistema viciado, fortalecendo o desenvolvimento tecnológico nacional, existem e, de fato, sempre existiram; mas, infelizmente, de alguma forma, acabam abafadas (Gala, 2020). Em meados do século XX, a formulação teórica liderada pelo CEPAL, que teve no brasileiro Celso Furtado (2014) um dos seus melhores protagonistas, deveria ser suficiente para explicar o assunto.

Para entender o problema, basta reconhecer que, como em toda a batalha, decisões estratégicas e ações táticas desempenham um papel decisivo. Em tecnologia, ações táticas são, por exemplo: capacidade de cálculo, conhecimento de materiais, habilidade em estudos analíticos e de simulação, domínio de fundamentos técnicos e científicos, em suma, aquelas coisas que os professores ensinam nas universidades ou fazem parte do acervo intelectual das empresas de engenharia. A decisão estratégica corresponde ao que se chama "política tecnológica", aquelas coisas que os poderes Executivo e Legislativo devem ou deveriam traçar. No Brasil, somos competentes em ações táticas, mas nos falta estratégia. Ao menor esboço de definições estratégicas, respondemos taticamente com vigor e sucesso. O programa do álcool e a exploração de petróleo, a EMBRAER, a WEG, a Marco Polo, comprovam essa tese.

Pobres de nós se não aprendermos com nossos próprios erros e se não nos inspirarmos nos acertos dos outros. A nossa imaturidade política para decisões estratégicas merece ser comparada com a paixão pelo futebol. Tratamos os partidos políticos como se fossem times do coração. Não reconhecemos a derrota, continuamos torcendo cegamente. Reclamamos do juiz, da bola, do gramado, nunca erramos. Temos uma quantidade e qualidade de partidos políticos comparável aos times do campeonato brasileiro, considerando séries A e B juntas. Se não houver uma mudança, vamos continuar amargando derrotas, como foi o inesquecível 7x1 na Copa de 2014. Está na hora de nos unirmos para formar uma grande seleção, uma grande nação.

O primeiro passo para esta transformação está na educação básica pública e gratuita. Assim ocorre nos EUA, meca do capitalismo, em todos os países da Europa, no Japão, China e Coreia do Sul. Em todo lugar do mundo onde existe desenvolvimento social. A fórmula já se mostrou eficiente. Mas aqui insistimos com escolas primárias particulares, caras e apenas para alguns. A luta de Anísio Teixeira, Darcy Ribeiro, Paulo Freire e muitos outros não foi suficiente. A educação básica, acompanhada de uma política econômica voltada para os verdadeiros problemas da população brasileira em termos de alimentação, moradia, transporte, saneamento, educação, saúde, tem o poder de, em um curto intervalo de 20 anos, transformar a história econômica do nosso país.

O projeto MagLev-Cobra, se devidamente apoiado, lubrificará a engrenagem econômica do Brasil. Não se trata apenas de oferecer uma solução para o crucial problema da mobilidade das nossas cidades, com uma nova e futurística organização urbana. O projeto utiliza, nos imãs e nos supercondutores, minerais estratégicos com os quais a natureza generosamente nos beneficia. A CODEMGE inaugura em 2022 o LabFabITR, a primeira fábrica de imãs de terras-raras do Brasil. Caminho similar vale para a fabricação de supercondutores. Até hoje exportamos a matéria-prima e importamos imãs e supercondutores, que possuem inúmeras aplicações industriais. O projeto ainda utiliza conversores eletrônicos, fabricados pela WEG; necessita de veículos leves, compatíveis com a produção da Marcopolo, da Embraer, da Aeromóvel, para citar algumas alternativas; emprega motores lineares, com larga aplicação e produzidos com qualidade pela Equacional, empresa paulista; trabalha com fluídos criogênicos, especialidade da empresa carioca GB Criogênicos. Trata-se de um projeto catalizador de talentos para a essencial área de tecnologia e ciência.

EXERCÍCIO 36: Empregando a tautologia:

$$\sim (p \wedge \sim q) \Leftrightarrow (p \Rightarrow q)$$

Demonstre que o mantra:

"Não existe Desenvolvimento Social sem Desenvolvimento Tecnológico"

equivale à sentença lógica:

{Desenvolvimento Social} → {Desenvolvimento Tecnológico}

ou seja, o Desenvolvimento Tecnológico é uma condição necessária para o Desenvolvimento Social.

Mas o Desenvolvimento Tecnológico, por si só, não resolve o problema do Desenvolvimento Social, pelo contrário, pode até agravá-lo. A Revolução Industrial, iniciada na Inglaterra no século XVIII com a máquina a vapor, ilustra muito bem a situação. Crianças e seus pais trabalhavam mais de 18 horas em fábricas insalubres (Huberman, 2020). Na mesma época, a situação de um escravizado no Brasil, ainda que deplorável, conseguia ser melhor do que a Inglaterra oferecia para seus filhos pobres.

EXERCÍCIO 37: Como visto no exercício anterior, o Desenvolvimento Tecnológico é uma condição necessária para o Desenvolvimento Social, mas não é suficiente. Então, além do Desenvolvimento Tecnológico, o que falta para se atingir o Desenvolvimento Social?

EXERCÍCIO 38: Apresente outro exemplo, além do citado acima, no qual existe Desenvolvimento Tecnológico sem Desenvolvimento Social.

EXERCÍCIO 39: O que significa CEPAL e qual a participação de Celso Furtado neste orgão da ONU.

16. A Economia do Atlântico

Um olhar abrangente, ainda que pouco detalhista, envolvendo a evolução econômica da Europa, África e América permite entender como ocupamos a lastimável posição de meros fornecedores de riquezas minerais e produtos agrícolas desde a chegada de espanhóis e portugueses na virada do século XV para o século XVI. Exemplificando, podemos citar: açúcar, algodão, borracha, café, tabaco, cacau, carne, frango, madeira, ferro, cobre, prata, ouro, diamantes, que assumiram, e ainda assumem, importância oscilante com a época e o sabor dos ventos (Galeano, 1979). A produção durante os primeiros 350 anos dependeu fortemente do trabalho de escravizados vindos da África (Gomes, 2019). Guerras eram fomentadas entre tribos africanas para disponibilizar prisioneiros, vidas humanas, como mercadoria. Os navios negreiros, muitos produzidos em Liverpool, na Inglaterra, com investimentos oriundos de diversos países, incluindo a Suíça, que nem mar tem, serviam para levar armas, pólvora e outros produtos fabricados no continente europeu para a África, lá então trocados por escravos. Esses, por sua vez, eram transportados como simples carga, em péssimas condições, principalmente para o Brasil e ilhas do Caribe. Na sequência, o resultado do trabalho dos escravos, tanto na mineração quanto nas plantações, enviado para a Europa. A estrutura deste triângulo econômico, que sustentou a vida das nações banhadas pelo Atlântico durante mais de três séculos, forneceu o ambiente favorável para a Revolução Industrial iniciada no final do século XVIII na Inglaterra (Figura 21). A máquina a vapor, ícone da Revolução Industrial, viabilizou as condições materiais necessárias para a abolição da escravidão, que já chocava moralmente muitos no mundo, mas que não encontravam elementos para serem abolicionistas. De lá para cá, fruto de um processo de colonização e independência diferenciados (Moog, 2011), os Estados Unidos assumiram um papel de liderança compartilhado com algumas nações europeias.

A evolução econômica da Ásia caminhou independentemente deste triângulo "amoroso". O choque da Europa com a Ásia só ocorreu de forma mais intensa no século XIX (Kissinger, 2011). As duas Guerras do Ópio contra a China (1838-1842; 1856-1860) e a ocupação da Índia pelos Ingleses, pela mesma época, servem como registros incontestáveis. Agora, no século XXI, a China se apresenta com uma alternativa de desenvolvimento econômico e desequilíbrio na estrutura econômica mundial.

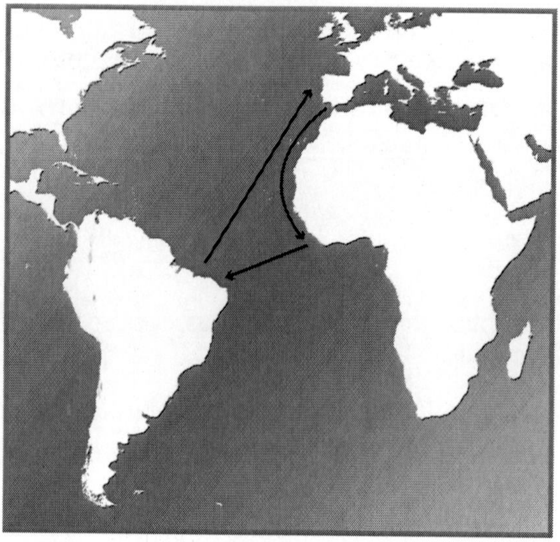

Figura 21. Economia do Atlântico no Período de Escravidão (pixabay)

EXERCÍCIO 40: Informe-se sobre o BRICS. O que significa? Qual proposta apresentam? Seria uma oportunidade para o Brasil romper limites? Discuta com seus colegas sobre as novas perspectivas oferecidas. Resuma a opinião do grupo em poucas linhas.

Meio Ambiente

17. Sustentabilidade

Sustentabilidade, Conservação de Energia, Análise de Ciclo de Vida encontram-se nas manchetes e palavras de ordem do século XXI. Mais recentemente, a sigla ESG (*Environmental, Social and Governance*) ganhou os meios de comunicação. Tudo isso resulta do reconhecimento de que o domínio da natureza não nos confere o direito de fazer dela o que bem entendermos (Francisco, 2015 a). Existe um ditado que vai no coração da questão. Diz assim: "Deus está sempre disposto a perdoar; os Homens, algumas vezes; a Natureza, nunca".

A engenharia facilitou muito as ações depredatórias, justamente porque a variável ambiental não era seriamente considerada nos projetos. Essa consciência mudou e os engenheiros defrontam-se agora com novos desafios profissionais. Preparem-se!!!

Figura 22. O conceito sustentável, valido para ESG (freepik)

EXERCÍCIO 41: Resuma qual o objetivo dos programas do governo brasileiro PROCEL e CONPET.

EXERCÍCIO 42: Em poucas palavras, o que significa Análise do Ciclo de Vida (ACV)?

18. Objetivos de Desenvolvimento Sustentável da ONU

Os 17 Objetivos de Desenvolvimento Sustentável (ODS) foram estabelecidos pela Organização das Nações Unidas (ONU) em 2015 e compõem uma agenda mundial para a construção e implementação de políticas públicas que visam guiar a humanidade até 2030.

ODS #01 - Erradicação da Pobreza - Acabar com a pobreza em todas as suas formas, em todos os lugares.

ODS #02 - Fome Zero e Agricultura Sustentável - Acabar com a fome, alcançar a segurança alimentar e melhoria da nutrição e promover a agricultura sustentável.

ODS #03 - Saúde e Bem-estar - Assegurar uma vida saudável e promover o bem-estar para todas e todos, em todas as idades.

ODS #04 - Educação de Qualidade - Assegurar a educação inclusiva e equitativa e de qualidade, e promover oportunidades de aprendizagem ao longo da vida para todas e todos.

ODS #05 - Igualdade de Gênero - Alcançar a igualdade de gênero e empoderar todas as mulheres e meninas.

ODS #06 - Água Potável e Saneamento - Assegurar a disponibilidade e gestão sustentável da água e saneamento para todas e todos.

ODS #07 - Energia Limpa e Acessível - Assegurar o acesso confiável, sustentável, moderno e a preço acessível à energia para todas e todos.

ODS #08 - Trabalho Decente e Crescimento Econômico - Promover o crescimento econômico sustentado, inclusivo e sustentável, emprego pleno e produtivo e trabalho decente para todas e todos.

ODS #09 - Indústria, Inovação e Infraestrutura - Construir infraestruturas resilientes, promover a industrialização inclusiva e sustentável e fomentar a inovação.

ODS #10 - Redução das Desigualdades - Reduzir a desigualdade dentro dos países e entre eles.

ODS #11 - Cidades e Comunidades Sustentáveis - Tornar as cidades e os assentamentos humanos inclusivos, seguros, resilientes e sustentáveis.

ODS #12 - Consumo e Produção Responsáveis - Assegurar padrões de produção e de consumo sustentáveis.

ODS #13 - Ação contra a mudança global do clima - Tomar medidas urgentes para combater a mudança climática e seus impactos.

ODS #14 - Vida na Água - Conservação e uso sustentável dos oceanos, dos mares e dos recursos marinhos para o desenvolvimento sustentável.

ODS #15 - Vida Terrestre - Proteger, recuperar e promover o uso sustentável dos ecossistemas terrestres, gerir de forma sustentável as florestas, combater a desertificação, deter e reverter a degradação da terra e deter a perda de biodiversidade.

ODS #16 - Paz, Justiça e Instituições Eficazes - Promover sociedades pacíficas e inclusivas para o desenvolvimento sustentável, proporcionar o acesso à justiça para todos e construir instituições eficazes, responsáveis e inclusivas em todos os níveis.

ODS #17 - Parcerias e Meios de Implementação Fortalecer os meios de implementação e revitalizar a parceria global para o desenvolvimento sustentável.

Figura 23 Os Objetivos de Desenvolvimento Sustentável da ONU

Os ODS oferecem um bom direcionamento para as atividades da engenharia, mas, evidentemente, precisam ser postos em prática.

EXERCÍCIO 43: Em 1948, a ONU apresentou a Declaração Universal dos Direitos Humanos, um documento de grande impacto na ocasião. Informe-se sobre esse documento. O que motivou sua elaboração? Passados mais de 70 anos, que efeitos práticos resultaram da declaração? O que motivou a formulação dos ODS´s? Qual sua expectativa futura a respeito do assunto?

Aspectos Culturais

19. Conselhos de Bertrand Russell

Bertrand Russell, em 1959, aos 87 anos de idade, deixou um valioso depoimento, facilmente obtido no YouTube:

https://www.facebook.com/watch/?v=816664458487673

Foi durante uma entrevista à BBC, a mesma emissora que transmitiu as palestras de Alec Broes, *The Triumph of Technology*, utilizadas no nosso curso de Introdução à Engenharia. O repórter pergunta: *"Suponha, Sr. Russell, que esse filme seja assistido por nossos descendentes, o que o senhor gostaria de deixar como recomendação com base nas lições que aprendeu?"* Bertrand Russell responde com dois conselhos, um de ordem intelectual e outro moral.

O de ordem intelectual pode ser resumido assim:

- Quando tiver que analisar um assunto, procure entender o que os fatos dizem, independentemente de polarizações políticas, convicções religiosas ou aquilo que você gostaria que fosse.

O de ordem moral, resume-se de modo mais simples ainda:

- O amor constrói, o ódio destrói.

O Brasil vive, quando da edição deste livro, um período de "discursos de ódio político", proferidos tanto da direita quanto da esquerda. Ou seja, estamos nos desviando dos dois conselhos simultaneamente. Mesmo assim, não devemos desanimar.

Impressionante também destacar que Russell era um agnóstico, ainda que seus conselhos soem como os de um religioso.

Em outra ocasião, ele escreveu:

"Acredito que quando morrer, eu me putrefarei e nada em mim sobreviverá. Não sou jovem, e amo a vida. Mas desdenharei os calafrios de terror ao pensamento da aniquilação total. A felicidade não é, absolutamente, menor e menos verdadeira apenas porque deve, necessariamente, chegar a um fim, e tampouco o pensamento e o amor perdem seu valor por não serem eternos".

De fato, bonitas palavras. Mas, como sabemos, o amor se revela por atos, não por palavras.

EXERCÍCIO 44: Pesquise e escreva umas poucas linhas sobre as ações de Bertrand Russell condizentes com suas palavras. Opcionalmente, se desejar entrar em uma discussão filosófica, avalie a ação de homens que professaram fé em uma vida futura, como Mahatma Gandhi, Teresa de Calcutá, Martin Luther King, algum familiar ou conhecido seu. Qual sua conclusão?

EXERCÍCIO 45: As palestras de Alec Broes, citadas no nosso curso, são da série *Reith Lectures* da Rádio BBC e foram proferidas em 2005. Quem foi o palestrante da primeira *Reith Lectures*? Quando ocorreu? Qual foi o tema? As *Reith Lectures* ainda existem?

Relacionamento humano, ética profissional, códigos de conduta, comportamento politicamente correto, direitos autorais, o chamado *lobby* e sua proximidade com a corrupção parecem assuntos que transcendem à formação do engenheiro, no entanto, não devem ser descuidados (Francisco, 2015 b; Salomão, 2016).

EXERCÍCIO 46: Qual sua avaliação sobre a situação que vive a cidade de Santo Amaro, na Bahia? E sobre as cidades de Mariana e Brumadinho, em MG? Finalmente, sobre a construção da usina de Belo Monte? Existe alguma diferença entre os casos mencionados?

20. Norte não Significa em Cima

Desde criança, nos acostumamos a ver mapas e globos representados com o Norte na parte superior. Mas basta pensar em um astronauta rodando em torno da Terra para entender que nada impede da visão ser bem diferente. Afinal, em cima fica o céu, não o Norte.

Foi essa a mensagem no cartaz de anúncio do 17th ISMB (*International Symposium on Magnetic Bearings*), congresso internacional sobre Mancais Magnéticos, a primeira edição desse evento a ser realizada no Brasil, na verdade, no Hemisfério Sul (Figura 24). A princípio choca, mas faz pensar.

Figura 24. Logo da Conferência ISMB

Imagino o impacto que causaria aos visitantes do Museu do Amanhã, no Rio, museu criado para romper paradigmas, se encontrassem a imagem do planeta Terra nesta disposição no saguão de entrada (Figura 25).

(a) (b)

Figura 25. Museu do Amanhã. (a) atual; (b) proposta para o futuro

EXERCÍCIO 47: Você já visitou o Museu do Amanhã? Discuta com seus colegas o que acha da proposta para o saguão de entrada. Valeria a pena enviar uma mensagem ou abaixo-assinado para conseguir essa alteração?

Conclusão

A primeira parte desse livro apresentou as bases técnicas da Engenharia Elétrica de Potência.

A segunda parte trouxe uma série de questões que emolduram as atividades da engenharia. Os textos tiveram como inspiração de fundo o conto "A Águia e a Galinha" tão bem apresentado por Boff (2020) em seu livro. A águia nasceu para voos ousados, a galinha está fadada a ciscar a terra. Seremos eternamente galinhas em matéria de engenharia? Ou será que somos águias, mas criadas, adestradas, ou forçadas a viver como galinhas?

Figura 26. Afinal, somos águias ou galinhas? (freepik – pixabay)

Ou talvez, será que nós brasileiros podemos nos identificar com outra ave, o Tuiuiú, essa ave nacional, encontrada no Pantanal e em muitas outras regiões do Brasil?

O Tuiuiú tem uma envergadura de asas que chega a 3 m, em pé mede 1,6 m, macho e fêmea cuidam da prole juntos, podem voar centenas de quilômetros sem parar (Figura 27).

Figura 27. O Tuiuiú (wikimedia commons e pixabay)

E o Tuiuiú inspira sermos:

- Amados em lugar de temidos ou armados (Figura 28).

Figura 28. Amyr Klink (© Marina B. Klink) e um navio de guerra (pixabay)

- Admirados em lugar de reverenciados (Figura 29).

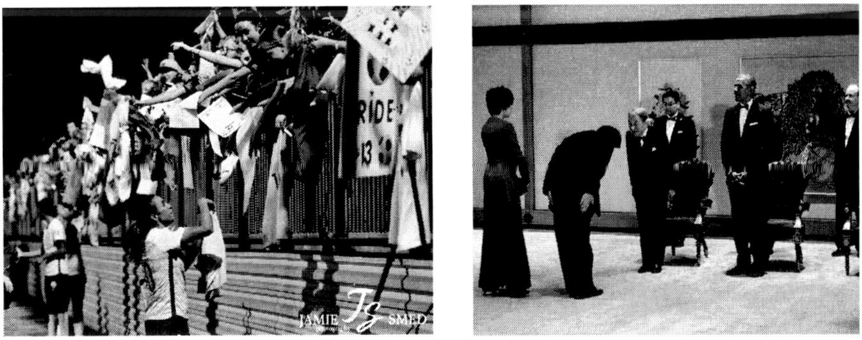

Figura 29. Marta e Imperador Akihito do Japão (wikimedia commons)

- Felizes em lugar de poderosos (Figura 30).

Figura 30. Grande Otelo (© Israel Felix) e o Presidente Trump dos EUA (freepik)

Essa poderia ser muito bem uma nova mensagem levada pelos brasileiros para o mundo. Um novo mundo, no qual as disputas ficariam em segundo plano. No qual, o objetivo não seria a derrota do outro, como em uma partida de *frescobol*, talvez o único esporte criado no Brasil, praticado sem distinção de sexo ou idade (Figura 31).

Figura 31. Frescobol, ícone da inovação brasileira (wikimedia commons)

Finalmente, três sentenças de Lord Broers, extraídas de suas conferências apresentadas para as *Reith Lectures* da rádio BBC 4, em 2005, sob o título *The Triumph of Technolgy*, prestam-se muito bem como mensagem final deste livro:

"It is time to appreciate the intellectual challenge behind product development.... This can be more challenging than fundamental science and requires the very best minds...."

"There are few more satisfying activities than the creation of new technologies for the benefit of humankind. Creative engineers may not receive the recognition they deserve but it rarely troubles them - the satisfaction they derive from their jobs is unsurpassed."

"Technology by necessity must be practicable and economically sensible. With science, discovery is sufficient."

EXERCÍCIO 48: Traduza as frases de Lord Broers.

Referências Bibliográficas

Abreu, A. *A Arte de Argumentar: gerenciando razão e emoção*, Cotia, SP: Ateliê Editorial, 2010.

Agostinho, M. *Introdução à Engenharia*, Rio de Janeiro: Lexiton,2015.

Bazzo, W.A.; Pereira, L.T. *Introdução à Engenharia: conceitos, ferramentas e comportamentos*, Florianópolis: UFSC, 2006.

Bennett, S. *A History of Control Engineering, 1800-1930*, London: Peter Peregrinius - IEE, 1986.

Bennett, S. *A History of Control Engineering, 1930-1955*, London: Peter Peregrinus - IEE,1993.

Boff, L. *A Águia e a Galinha*, 52ª Edição, Petrópolis: Vozes, 2020.

Blundell, S. *Superconductivity: a very short introduction*, New York: Oxford Press, 2009.

Bodanis, D. *Universo Elétrico*, Rio de Janeiro: Ed. Record, 2008.

Broers, A. *The Triumph of Technology*, BBC Radio 4, 2005. http://www.bbc.co.uk/radio4/reith2005/, acessado em: 10/03/2022.

Caldeira, J. *História da Riqueza no Brasil*, Rio de Janeiro: GMT Editores, 2017.

Cardoso, J.R.; Grimoni, J.A. *Introdução à Engenharia: uma abordagem baseada em ensino por competências*, Rio de Janeiro: LTC, 2021.

D´Avila, L.F. *10 Mandamentos: do país que somos para o Brasil que queremos*, São Paulo: Almedina, 2022.

Elgerd, O.I. *Teoria de Sistemas de Energia Elétrica*, São Paulo: Mc. Graw Hill, 1978.

Ferreira, P. *Homilias*, Rio de Janeiro: PUC, 2015.

Francisco, Papa. *Louvado Sejas: sobre o cuidado da casa comum*, São Paulo: Paulus, 2015 a.

Francisco, Papa. *Corrupção e Pecado*, São Paulo: Ave-Maria, 2015 b.

Franklin, G.; Powell, J; Naeini, A. *Feedback Control of Dynamic Systems*, New Jersey: Prentice Hall, 2002.

Freire, P. *Pedagogia da Autonomia*, São Paulo: Paz e Terra, 2007.

Furtado, C. *Obra Autobiográfica*, São Paulo: Companhia das Letras, 2014.

Gala, P.; Roncaglia, A. *Brasil, uma economia que não aprende*, São Paulo, 2020.

Galeano, E. *As Veias Abertas da América Latina*, São Paulo: Paz e Terra, 1979.

Goleman, D. *Inteligência Emocional: a teoria revolucionária que redefine o que é ser inteligente*, São Paulo: Objetiva, 2005.

Gomes, L. *Escravidão,* Rio de Janeiro: Globo Livros, 2019.

Gomes, P.A. *Ensino de Engenharia: avaliação e perspectivas da Academia Nacional de Engenharia,* Rio de Janeiro: ANE, 2021.

Hayt, W.; Buck, J. *Eletromagnetismo,* Rio de Janeiro: LTC, Rio de Janeiro, 2003.

Holtzapple, M.; Reece, W. *Introdução à Engenharia,* Rio de Janeiro: LTC, 2015.

Huberman, L. *História da Riqueza do Homem,* 22ª Edição, Rio de Janeiro: LTC, 2020.

Kitchen, J.W. *Calculus of One Variable,* California: Addison-Wesley, 1968.

Kissinger, H. *On China,* Nova York: Penguin Press, 2011.

Leith, S. *Words Like Loaded Pistols: Rhetoric from Aristotle to Obama,* New York: Basic Books, 2016.

Mc Carthy, T.; Hutchison, D. *Win the Presentation Game,* California: Thomas Mc Carthy & Associates, 2015.

Mc Master, J.H.; Komerath, N. Boeing-University Relations: a review and prospect for the future, Portland: *American Society for Engineering Education Annual Conference and Exposition,* 2005.

Mohan, N.; Undeland, T.; Robins, W. *Power Electronics,* New York: John Wiley & Sons, 2000.

Moog, V. *Bandeirantes e Pioneiros*, 22ª Edição, Rio de Janeiro: José Olympio, 2011.

Mullins, J. *The New Business Road*, Londres: Prentice Hall, 2006.

Oliveira, A.; Salomão, L.A. *Setor Elétrico Brasileiro: Estado e Mercado*. Rio de Janeiro: Synergia, 2017.

Prado Jr., C. *História Econômica do Brasil*, 43ª Edição, São Paulo: Brasiliense, 2017.

Pinto Jr., H.Q. *Economia da Energia*, Rio de Janeiro: Elsevier, 2007.

Raymond, B.L. *Studying Engineering: a road map to a rewarding career*, California: Discovery Press, 2013.

Salomão, L.A.; Guarnieri, F. *Corrupção*, Niterói: Nitpress,2016.

Salomão, L.A. *O Brasil e o Futuro: da reindustrialização ao fim do preconceito social*, Rio de Janeir: E-Papers, 2021.

Schopenhauer, A. *A Arte de Ter Razão*, São Paulo: Martins Fontes, 2001.

Schopenhauer, A. *Como Vencer um Debate sem Precisar Ter Razão*, Rio de Janeiro: Topbooks, 2003.

Schumacher, E.F. *Small is Beautiful*, Londres: Blond & Briggs,1973.

Schumpeter, J.A. *The Theory of Economic Development*, Londres: Routledge, 2017.

Silva Telles, P.C. *História da Engenharia no Brasil*, Rio de Janeiro: LTC, 1984.

Silva Telles, P.C. *A Engenharia e os Engenheiros na Sociedade Brasileira*, Rio de Janeiro: LTC, 2015.

Stephan, R.M. Vocação para Engenharia, *VI Encontro Educação em Engenharia Elétrica*, Petrópolis, 2000.

Stephan, R.M. MagLev-Cobra: Tecnologia de levitação magnética no Brasil, *Ciência Hoje*, v.55, pp. 20 – 25, 2015.

Stephan, R.M. *Acionamento, Comando e Controle de Máquinas Elétricas*, Rio de Janeiro: Ciência Moderna, 2021 a.

Stephan, R.M.; Lacerda, R.; Costa, F.; Rodriguez, E. MagLev-Cobra: da Universidade para a Sociedade, *Revista Brasileira de Transportes da FGV*, v.1, n.1, pp. 100-121, 2021 b.

Stephan, R.M.; Rolim, L.G. Facilitando o Entendimento de Potência em Circuitos Elétricos CA, *Potência*, v. 191, pp. 93-109, 2021 c.

Toynbee, A. *A Humanidade e a Mãe Terra*, Rio de Janeiro: Zahar, 1979.

White, M. *Rivalidades Produtivas*, Rio de Janeiro: Record, 2003.

Zweig, S. *Autobiografia: o mundo de ontem*, Rio de Janeiro: Zahar, 2014.

Imagens e Direitos Autorais

Fig. 1 – Autorizado por Revista Potência, v. 191, p 99

Fig. 2 – Autorizado por Revista Potência, v. 191, p 100

Fig. 3 – Autorizado por Revista Potência, v. 191, p 101

Fig. 4 – Autorizado por Revista Potência, v. 191, p 101

Fig. 5 – Arte do autor

Fig. 6 – Operador Nacional do Sistema Elétrico (ONS)

Fig. 7 – Arte do autor

Figura do Exercício 10 – Arte do autor

Figura da Experiência 1 – Arte do autor

Fig. 8 – Arte do autor com autorização da Editora Ciência Moderna

Fig. 9 – Arte do autor com autorização da Editora Ciência Moderna

Fig. 10 – Arte do autor com autorização da Editora Ciência Moderna

Fig. 11 – Wikimedia Commons

AT&T; photographer: Jack St., New York, New York., Public domain

commons.wikimedia.org/wiki/File:Bardeen_Shockley_Brattain_1948.JPG

Fig. 12- Arte do autor com autorização da Editora Ciência Moderna

Figuras do Exercício 12 – Arte do autor

Fig. 13 – Instituto Brasileiro de Geografia e Estatística (IBGE)

Fig. 14 – Instituto de Pesquisa Econômica e Aplicada (IPEA)

Fig. 15 – Arte do autor

Fig. 16 – Arte do autor

Fig. 17 – Arte do autor

Fig. 18 - Imagem de Waldryano em Pixabay
www.pixabay.com/illustrations/david-and-goliath-bible-force-fight-1880516

Fig. 19 – CC BY adaptado de MDPI doi:10.3390/electronics9060978

Fig. 20 – Arte do autor

Fig. 21 - Imagem de Gerd Altmann em Pixabay
www.pixabay.com/illustrations/continents-774842

Fig. 22 – Designed by gstudioimagen / Freepik
www.freepik.com/free-vector/ecology_4869682.htm

Fig. 23 – Organização das Nações Unidas (ONU)

Fig. 24 – ISMB17 – cedido pelo *chair* da conferência

Fig 25 - Museu do Amanhã / Albert Andrade (12/01/2022), com tratamento de imagem de Lúcia Lopes.

Fig. 26 - Tratamento de imagem de Lúcia Lopes.

Águia: Imagem de Steppinstars em Pixabay

www.pixabay.com/photos/bald-eagle-bird-wildlife-eagle-140793

Galinha: Designed by wirestock / Freepik

www.freepik.com/free-photo/closeup-shot-grazing-brown-chicken-field_15985836.htm

Fig. 27 a - Wikimedia Commons

Luiz Marinho Ramos Filho, CC BY-SA 4.0

commons.wikimedia.org/wiki/File:SESC_PANTANAL_LUIZ_MARINHO_TUIUI%C3%9A.jpg

Fig. 27 b - Imagem de MarceloBM em Pixabay

www.pixabay.com/photos/tuiuiu-4655923

Fig. 28 a – Amyr Klink, cedido por Marina B. Klink em 15/02/22.

Fig. 28 b - Imagem de Ben Kerckx em Pixabay

www.pixabay.com/pt/photos/barco-marinho-navio-navio-de-guerra-4995864

Fig. 29 a – Wikimedia Commons

Jamie Smed from Cincinnati, Ohio, CC BY 2.0

upload.wikimedia.org/wikipedia/commons/0/03/Marta_%2841698742520%29.jpg

Fig. 29 b - Wikimedia Commons

Barack Obama Presidential Library, Public domain

commons.wikimedia.org/wiki/File:President_Barack_Obama%27s_Trip_to_Japan_-_DPLA_-_cfd7e56b47c4c37a1a0203efc496de2e.jpg

Fig. 30 a– Grande Otelo: cedido por Israel Felix em 18/01/22.

https://israelfelixartes.blogspot.com/

Fig. 30 b - Designed by Freepik

www.freepik.com/free-vector/hand-drawn-donald-trump-portrait_3317609.htm

Fig. 31 – Wikimedia Commons

Gil.cavalcanti, CC BY-SA 3.0

upload.wikimedia.org/wikipedia/commons/3/3b/Frescobol.jpg

Imagens usadas na capa:

https://br.freepik.com/vetores-gratis/composicao-isometrica-de-edificios-de-moradia--com-paisagem-urbana-e-ruas-com-quarteiroes-casas-e-carros_7286093.htm

https://br.freepik.com/vetores-gratis/isometrica-cidade-paisagem-rodada-conceito--com-edificios-modernos-arranha-ceus-propriedades-transporte-bancos-arvores-lixo--fonte-ilustracao_12986352.htm#&position=0&from_view=detail#&position=0&from_view=detail

Apêndices

A1. Sugestão de Temas para Seminários dos Alunos

Cada grupo deve escolher um tema e apresentá-lo na forma de exposição oral (15 minutos + 5 minutos para perguntas). Sugestões:

1. Ser engenheiro. Por que escolhi engenharia?
2. Grandes obras da engenharia nacional.
3. André Rebouças: sua importância para o Brasil.
4. O potencial energético brasileiro (hidráulico, eólico, solar, ...).
5. Fontes alternativas de energia.
6. A Usina Hidroelétrica de Belo Monte.
7. Patentes, Propriedade Intelectual, o INPI.
8. Incubadoras de empresas.
9. Normas técnicas, a ABNT, INMETRO, IEC, ...
10. As Jornadas de Iniciação Científica.
11. Bolsas de Iniciação Científica.
12. Empresas Junior de Engenharia.
13. Equipes de competição nas Escolas de Engenharia.
14. Órgãos de fomento à pesquisa (CNPq, CAPES, FAPERJ, ...).
15. Graduação Sandwich/Dupla titulação/Convênios.
16. Empresas de Engenharia Elétrica sediadas na minha cidade.
17. Os cursos de Engenharia Elétrica.
18. Sociedades Brasileiras de Engenheiros Eletricistas.
19. Sociedades Internacionais de Engenharia (IEEE, CIGRE, IEE, ...).
20. CREA, Clube de Engenharia, associações de engenheiros.
21. A lista de *"Desired Attributes of an Engineer"* da Boeing.
22. O portal de periódicos da CAPES (Biblioteca Virtual).
23. Revistas Técnicas de Engenharia Elétrica.

24. Física x Engenharia.
25. Técnico x Engenheiro.
26. Computação analógica x Computação digital.
27. Como o Xadrez pode auxiliar no aprendizado da Engenharia.
28. Fator H, Índice de Impacto, DOI: o que é e para o que serve?
29. Bit, Eletron, Joule: podemos dividir a Eletricidade assim?
30. A mulher engenheira eletricista no Brasil e no mundo.
31. Quem foi Edith Clarke?
32. A estrada de ferro Madeira-Mamoré.
33. Sociedade de 2000 W (http://www.2000watt.ch).
34. Os Objetivos de Desenvolvimento Sustentável (ODS) da ONU.
35. O processo de Acreditação dos cursos de Engenharia.
36. Método KISS.
37. Como preparar uma apresentação técnica.
38. Como preparar um vídeo para apresentação técnica.
39. Dependência tecnológica.
40. O agronegócio brasileiro.
41. Corrupção na contratação de obras, no Brasil e no mundo.
42. Norte para cima e Terra plana.
43. Níveis de maturidade tecnológica (TRL).
44. Tecnologias disruptivas.
45. Os sistemas de transporte urbano no Brasil.
46. Distribuição de energia elétrica subterrânea.
47. Tratamento de lixo.
48. Recolhimento e processamento de esgoto sanitário.
49. Usinas reversíveis de energia elétrica.
50. **SUCATA** ou **ENGENHARIA REVERSA** - Para este tema, que se diferencia bastante dos anteriores, o grupo deve abrir um equipamento elétrico, preferencialmente danificado, explicar seus componentes e sua função. O manual do equipamento, algum diagrama esquemático ou a experiência de membros do grupo com aparelhagem elétrica ou eletrônica podem ajudar muito.

A2. Domínios na Internet (acessados em 10/03/2022)

1. Palestras "Triunfo da Tecnologia" da BBC
   http://www.bbc.co.uk/radio4/reith2005/
2. Federação Nacional dos Engenheiros - Galeria de Vídeos
   http://www.fne.org.br
3. Orientação acadêmica
   http://www.universitysurvival.com/student-success-skills
4. Engenhos criados pelo homem
   http://www.uh.edu/engines
5. Como funcionam as coisas?
   http://www.howstuffworks.com
6. Grandes conquistas tecnológicas
   http://www.greatachievements.org
7. Desafios para a engenharia nos próximos anos
   http://www.engineeringchallenges.org
8. Para superar deficiências acadêmicas
   http://khanacademy.org
9. Grupos de competição
   http://www.studentcompetitions.com
10. Para aprender a digitar sem olhar para o teclado
    http://www.keybr.com
11. Usina Hidroelétrica de Itaipu
    http://youtu.be/48IlepuOvLw
12. Usina Hidroelétrica de Belo Monte
    http://youtu.be/gVC_Y9drhGo - Alunos da USP
    http://www.youtube.com/watch?v=feG2ipL_pTg - Alunos da UnB
13. Máquina Elétricas Virtuais
    http://www.dee.ufrj.br/lanteg
14. Equações de Maxwell (Kathy Loves Physics & History)
    https://www.youtube.com/watch?v=DlMufPAtf4M

A3. Link do YouTube para as Aulas do Livro

https://www.youtube.com/playlist?list=PLGMYwhcNRvbVNdJaftzICC2iLzF87y9nf

A4. Siglas Mencionadas no Livro

ABNT – Associação Brasileira de Normas Técnicas
ACV – Análise de Ciclo de Vida
ANE – Academia Nacional de Engenharia
ANEEL – Agência Nacional de Energia Elétrica
ASIC – *Application Specific Integrated Circuit*
BBC – *British Broadcasting Corporation*
BNDES – Banco Nacional de Desenvolvimento Econômico e Social
BRICS – Brasil, Rússia, Índia, China e África do Sul
CA – Corrente Alternada
CAPES – Coord. de Aperfeiçoamento de Pessoal de Nível Superior
CC – Corrente Contínua
CCEE – Câmera de Compensação de Energia Elétrica
CEPAL – Comissão Econômica para a América Latina e o Caribe
CIGRE – Conselho Internacional de Grandes Sistemas Elétricos
CNES – *Centre National d'Études Spatiales*
CNPq – Conselho Nacional de Pesquisas
CODENGE – Companhia de Desenvolvimento de Minas Gerais
CONPET - Programa Nacional de Racionalização do Uso dos Derivados de Petróleo e do Gás Natural
COPPE – Inst. Alberto Luiz Coimbra de Pós-Grad. e Pesquisa em Eng.
CREA – Conselho Regional de Engenharia e Arquitetura
DLR – *Deutsches Zentrum für Luft- und Raumfahrt*
DSP – *Digital Signal Processor*
DoD – *Department of Defense* (USA)
EPE – Empresa de Pesquisa Energética

ENEM – Exame Nacional de Ensino Médio
ESA – *European Space Agency*
ESG – *Environmental, Social, Governance*
FAPERJ – Fundação Carlos Chagas Filho de Amparo à Pesquisa do Estado RJ
FNDCT – Fundo Nacional de Desenvolvimento Científico e Tecnológico
GCSP – *Grand Challenges Scholars Program*
GTO – *Gate Turn-off Thyristor*
IBGE – Instituto Brasileiro de Geografia e Estatística
IEA – *International Energy Agency*
IEC – *International Electrotechnical Commission*
IEE – *Institution of Electrical Engineers*
IEEE – *Institute of Electrical and Electronics Engineers*
INMETRO - Instituto Nacional de Metrologia, Qualidade e Tecnologia
INPI – Instituto Nacional de Propriedade Industrial
IGBT – *Insulated Gate Bipolar Transistor*
IPEA – Instituto de Pesquisa Econômica Aplicada
MEC – Ministério da Educação e Cultura
NAE – *National Academy of Engineering* (EUA)
ODS – Objetivos de Desenvolvimento Sustentável
ONU – Organização das Nações Unidas
ONS – Operador Nacional do Sistema Elétrico
PROCEL - Programa de Conservação de Energia Elétrica
SCR – *Silicon Controlled Rectifier*
TRL – *Technology Readiness Level*
UFRJ – Universidade Federal do Rio de Janeiro

Índice Remissivo

R

S

T

V

W

ANOTAÇÕES

Impressão e acabamento
Gráfica da Editora Ciência Moderna Ltda.
Tel: (21) 2201-6662